緝兇

望遠鏡的用法

一下

把鏡筒拉到最長，如有想觀看的物件，可先將其放在眼下瞄準。

把望遠鏡移至眼前，瞇起另一隻眼，邊旋轉最外的鏡筒邊慢慢把中間的鏡筒縮短，物件影像就會變得愈來愈清晰。

看到遠處的大廈了！

望遠鏡內有5塊凸透鏡。

⚠ 請勿用本產品或肉眼直視太陽或反光物件，以免傷害眼睛！

凸透鏡是甚麼？

多用玻璃片磨製而成，形狀向外凸出，能令光線折射及會聚在一點，故又稱會聚透鏡。

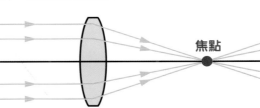

焦點

以直線前進的光線經過凸透鏡後被折射，集中在同一點。

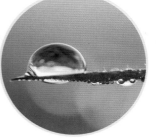

▲ 盛了水的杯子、一滴水等曲面透明物件也可成為凸透鏡。

凸透鏡的特點

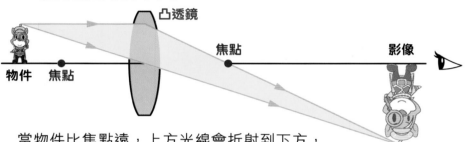

❶ 放大近景

由於大腦不知道光線穿過凸透鏡後會改變方向，故循着直線尋找光源，因而看到比實物大的影像。

影像 **凸透鏡** **焦點** **物件** **焦點**

❷ 放大和倒轉稍遠的景物

凸透鏡 **焦點** **物件** **焦點** **影像**

當物件比焦點遠，上方光線會折射到下方，令影像上下倒轉。而當物件離焦點愈遠，影像更會開始縮小。

若物件離焦點較近，所投射的影像就會在離凸透鏡較遠的位置形成。相反，若物件離焦點較遠，就會離凸透鏡較近的位置形成影像。

凸透鏡 **物件** **2倍焦點距離** **焦點** **焦點**

❸ 縮小和倒轉遠景

凸透鏡原來能產生不同的視覺效果！那它跟鏡子有甚麼不同？

反射與折射

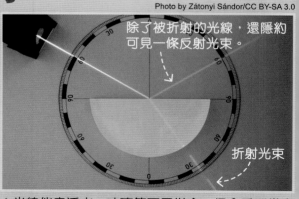

除了被折射的光線，還隱約可見一條反射光束。

折射光束

▲光線是直線前進，當它遇到光滑物體如鏡子時，就會以相同角度反射回來，而非穿透過去。

▲光線能穿透水、玻璃等不同媒介，但會受到當中的電子阻撓而減慢速度，繼而產生折射。圖中的光線穿過玻璃時減速，前進角度因而改變。

望遠鏡的內部結構

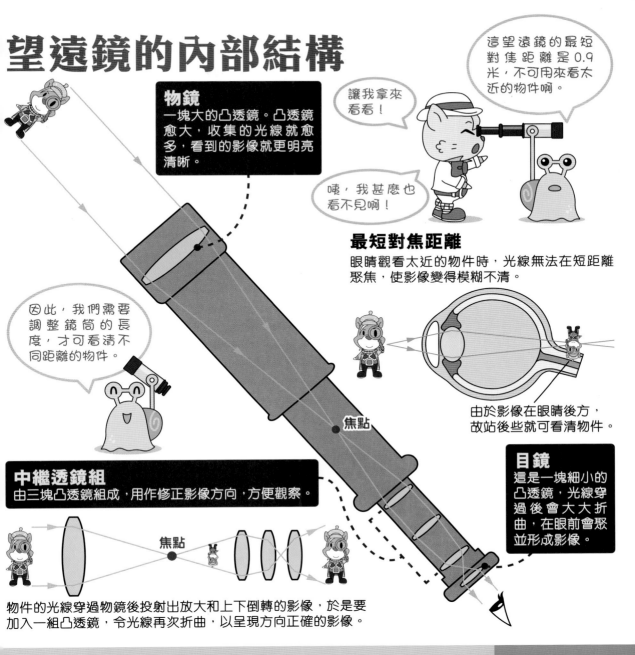

物鏡
一塊大的凸透鏡。凸透鏡愈大，收集的光線就愈多，看到的影像就更明亮清晰。

讓我拿來看看！

唉，我甚麼也看不見啊！

這望遠鏡的最短對焦距離是0.9米，不可用來看太近的物件啊。

最短對焦距離

眼睛觀看太近的物件時，光線無法在短距離聚焦，使影像變得模糊不清。

由於影像在眼睛後方，故站後些就可看清物件。

因此，我們需要調整鏡筒的長度，才可看清不同距離的物件。

目鏡
這是一塊細小的凸透鏡，光線穿過後會大大折曲，在眼前會聚並形成影像。

焦點

中繼透鏡組
由三塊凸透鏡組成，用作修正影像方向，方便觀察。

焦點

物件的光線穿過物鏡後投射出放大和上下倒轉的影像，於是要加入一組凸透鏡，令光線再次折曲，以呈現方向正確的影像。

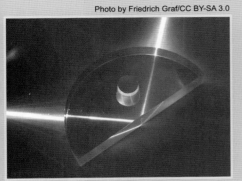

Photo by Friedrich Graf/CC BY-SA 3.0

▲若增大光線照射到玻璃的角度，折射光線會慢慢消失，最後所有光都被反射出來。此時玻璃就如鏡子一樣，此現象稱為全反射。

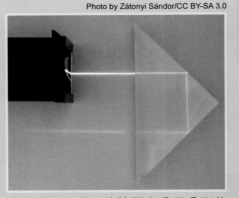

Photo by Zátonyi Sándor/CC BY-SA 3.0

▲當光線穿過一塊等腰直角三角形的稜鏡時，更會旋轉180°，發生兩次全反射。

糟糕了，大盜又犯案啦！

生活中的透鏡

人的眼睛

　　眼角膜和晶狀體形似凸透鏡，把光線折射並聚焦在視網膜上。眼角膜形狀固定，而晶狀體則能隨意變形。

在看近距離的物件時，圍繞晶狀體的肌肉收縮，令晶狀體變凸，增加折射程度以對焦。

在看遠距離的物件時，圍繞晶狀體的肌肉放鬆，令晶狀體變得較扁平，減少折射程度。

映照在視網膜上的影像是上下左右都倒轉的，但聰明的大腦會自動把它們修正呢！

變焦手電筒

　　有些手電筒利用凸透鏡，透過伸縮筒身去改變燈泡與凸透鏡的距離，就能調節光源強弱。

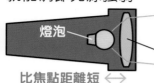

凸透鏡把集中的燈泡光源折射並發散，就如放大鏡把近處的物件放大。這適合用於大範圍照射。

稍為發散的燈泡光線被凸透鏡折射成平行光束，可用作遠射。

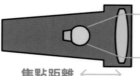

燈泡光線以接近平行的角度照射到凸透鏡，凸透鏡將其折射並會聚，適合小範圍照明。

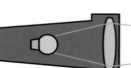

6

放大鏡

放大鏡以凸透鏡把近處的物件放大,有些則使用更輕更薄的菲涅耳透鏡(Fresnel lens)。

一般透鏡

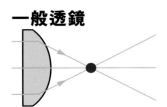

菲涅耳透鏡

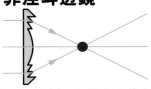

菲涅耳透鏡去掉一般透鏡中不改變光線路徑的多餘物料,只保留產生折射的曲面部分,既節省用料,又有相同的折射效果。

◀ 因為它更薄,故能傳遞更多光,最初常用於燈塔,現今則用於路燈、舞台射燈等。圖為美國航空母艦上的着陸燈號。

除了凸透鏡,還有另一種透鏡名為凹透鏡。

凹透鏡是甚麼?

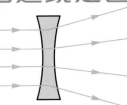

其形狀和特性與凸透鏡相反,它向內凹陷,能令光線散開,故又稱發散透鏡。

不論物件和焦點的距離是遠或近,所投射的影像都會變小和保持方向。

生活應用:防盜眼

由一組凹透鏡和凸透鏡組成。

凹透鏡能分散門外大範圍景物的光線,再由凸透鏡聚焦到眼睛,提供廣闊的視角。

凹透鏡有不同形狀,此為平凹透鏡。

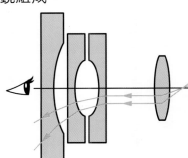

相反,若從門外看進去,凸透鏡會把門內的小部分光線會聚並放大,再由凹透鏡分散到眼睛,使人無法看清屋內的情況。

沒問題！

望遠鏡的種類

人眼有限制，物件愈遠就顯得愈小和愈暗，故需要望遠鏡收集更多光線及放大遠方物件。

折射式望遠鏡

利用透鏡折射物件的光線。

透鏡愈大，雖能收集更多光線，但仍會反射部分光線，不利觀看遠方事物。而製作大型曲面透鏡亦十分困難。

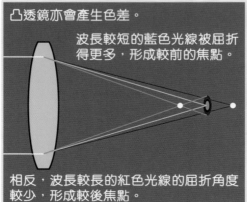

凸透鏡亦會產生色差。

波長較短的藍色光線被屈折得更多，形成較前的焦點。

相反，波長較長的紅色光線的屈折角度較少，形成較後焦點。

▶ 不同波長的光無法聚焦在同一點，造成色差，使影像模糊。

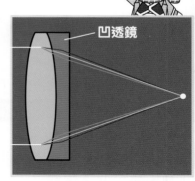

凹透鏡

▲ 組合不同折射程度的透鏡去改變光線屈折的角度，就能減少色差，例如加入凹透鏡。

伽利略式

物鏡（凸透鏡）

目鏡（凹透鏡）

凹透鏡能形成方向正確的影像，但視野較狹窄，影像亦較易模糊。

開普勒式

由伽利略式望遠鏡改良而成，教材就是這一種。

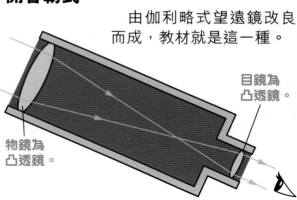

目鏡為凸透鏡。

物鏡為凸透鏡。

▲ 雖然凸透鏡把影像上下倒轉，但它能聚焦光線，令視野更清晰廣闊。

◀ 現存最大的折射式望遠鏡座落於美國葉凱士天文台。其物鏡為一塊直徑 1.02 米的雙合透鏡，由兩片透鏡結合而成，重達 225 公斤！

兩位等等！可否打開手袋看看？

反射式望遠鏡

利用鏡子反射物件的光線，下圖是牛頓設計的樣式。

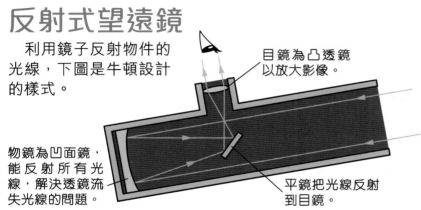

目鏡為凸透鏡以放大影像。

物鏡為凹面鏡，能反射所有光線，解決透鏡流失光線的問題。

平鏡把光線反射到目鏡。

由於較易製作大的鏡子和沒有色差問題，大型天文望遠鏡多為反射式。

▼歐洲極大望遠鏡（簡稱 E-ELT）於 2025 年啟用，將會是全球最大的反射式望遠鏡。

Photo by ESO/L. Calçada/CC BY 4.0

▶ 物鏡直徑達 39.3 米，由 798 個六角形鏡子拼砌而成。

Photo by ESO/L.Calçada/ACe Consortium/CC BY-SA 4.0

天文望遠鏡

當宇宙天體發出的光線穿過地球大氣層時，不同溫度或密度的空氣會改變其折射率，令影像扭曲或閃爍，故天文望遠鏡多置於空氣較稀薄的高地。

▶▶▶乾脆把望遠鏡放上太空吧！

太空望遠鏡

望遠鏡圍繞地球旋轉，因不受大氣層和光污染影響而產生較清晰的影像。除了可見光，有些望遠鏡會收集紅外線、伽瑪射線等，供科學家作不同研究。

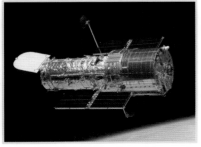

◀哈勃太空望遠鏡為世上首台太空望遠鏡，曾拍攝到新星誕生、星系碰撞、彗星撞擊木星等影像，加深人們對宇宙的認識。

▶▶▶試試改善地面望遠鏡的設計吧！

調適光學

在望遠鏡焦點後方安裝一塊可變形小鏡，它會根據光線扭曲程度快速調整鏡面形狀，從而修正影像。由於光線會不斷扭曲，鏡子也要不斷變形。

小鏡

Photo by ESO/ P. Weilbacher (AIP)/ CC BY 4.0

Photo by NASA Hubble/CC BY 2.0

◀甚大望遠鏡（VLT）以調適光學拍出比哈勃太空望遠鏡（右圖）更清晰的海王星影像。

大家知道福爾摩斯如何識破二人嗎？答案在 p.58！

海豚哥哥自然教室　動物　環保生態協會 Eco Association

中華白海豚BB，生日快樂，可否告訴我你的願望呢？

我希望有乾淨而寧靜的大海可居住、健康的身體和自然新鮮的活魚作食物！

救救中華白海豚

©海豚哥哥Thomas Tue

今年7月，最新一份關於香港的海豚研究報告顯示，在2019-20年度，在香港水域出沒的中華白海豚只剩52條。這跟2003年的158條相比，在16年間減少了三分之二。那些不知所蹤的海豚，有少部分卻在珠江河口的伶仃洋出沒。牠們集體移民了嗎？香港是否不再適合牠們居住呢？這有待進一步研究。

©海豚哥哥Thomas Tue

我曾發現白海豚身上有受傷的情況，如傷勢非常嚴重，就可能要作出一些即時救援行動。

可能是漁網或繩狀物造成的勒痕。

傷口

©海豚哥哥Thomas Tue

白海豚常受到傷害，加上其出生率愈來愈低。若我們仍不作一些大大的環境改善措施，白海豚就有可能面臨滅絕危機。我們要一起努力，讓白海豚能夠生存下去！

如大家對保育中華白海豚有任何建議，歡迎電郵給海豚哥哥，電郵地址：thomas@eco.org.hk

收看精彩片段，請訂閱Youtube頻道：「海豚哥哥」
https://bit.ly/3eOOGlb

海豚哥哥簡介　　　f 海豚哥哥 Thomas Tue

自小喜愛大自然，於加拿大成長，曾穿越洛磯山脈深入岩洞和北極探險。從事環保教育超過19年，現任環保生態協會總幹事，致力保護中華白海豚，以提高自然保育意識為己任。

**在公元前二千多年的
美索不達米亞**

自從一款受歡迎的棋類遊戲出現之後，上至皇親國戚，下至平民百姓，無不為之瘋狂，棋盤上的戰火甚至蔓延至整片中東地區……

製作難度：★☆☆☆☆
製作時間：約 30 分鐘

烏爾王族棋

製作方法

材料：珍珠板、硬卡紙　　　工具：剪刀、剦刀、膠水（或雙面膠紙）

1 把棋盤紙樣貼在珍珠板或紙盒上，然後剪裁出來。

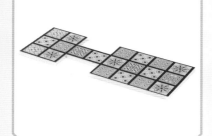

2 把棋子紙樣貼上硬卡紙並修剪，或貼在珍珠板後慢慢剦出來。

3 把四面骰紙樣剪出來，摺成三角錐體及黏貼，即可開始遊戲！

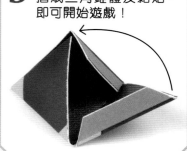

烏爾王族棋指南

　　大英博物館考古學家艾榮·芬克爾博士（Dr. Irving Finkel）根據一塊古蘇美爾泥板上的文字，考究出大致的玩法。而以下玩法 * 則是他將之再簡化而成的版本。

> * 此玩法曾用於芬克爾博士和 YouTuber 湯姆·史葛（Tom Scott）為響應國際桌遊日 2017（International Tabletop Day 2017）的對局。

遊戲人數： 2 人

遊戲目標： 鬥快將己方的 7 枚棋，沿圖中路線送到終點。

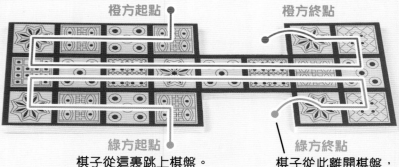

橙方起點　　　　　　　　橙方終點

綠方起點　　　　　　　　綠方終點

棋子從這裏跳上棋盤。　　棋子從此離開棋盤，即算到達終點。

遊戲玩法

1 玩家輪流擲骰，以點數大者先行。

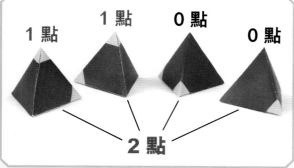

1 點　　1 點　　0 點　　0 點

2 點

▲每顆骰子有兩個角是黃色，其餘的則是綠色。黃色向上為 1 點，否則就是 0 點。擲骰時須 4 顆骰全擲，計算點數總和。

2 玩家輪流擲骰，然後選擇其中一枚棋子，根據骰子點數走相應的步數。如擲到 0 就要停一次。

▲如上圖擲到 2，可選愛因獅子或瓦特犬走 2 步。

12

3 棋子移動時可越過己方和對方的棋子。

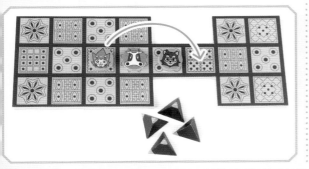

4 移動後的該格不可有另一枚己方棋子。

如圖中擲到1，愛因獅子不能移到伏特犬那一格。

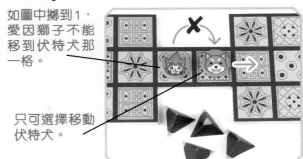

只可選擇移動伏特犬。

5 當己方棋子疊上對方棋子時，該對方棋子須返回起點。

▶如圖中愛因獅子移動至熊貓蔡蔡的那一格，熊貓蔡蔡即被「吃掉」，須返回棋盤下的起點重新出發。

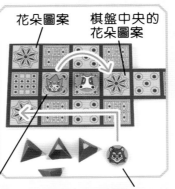

6 若棋子走到花朵圖案上，就可再擲骰一次，並選任何棋子前進相應點數。此獎勵可連續獲得，直至沒有棋走到花朵圖案上。如果棋盤中央的花朵圖案上已有對方棋子，己方棋子就不能疊上去「吃掉」它，但仍可越過它前進。

花朵圖案　　棋盤中央的花朵圖案

例如綠方擲到2，就可讓愛因獅子走到中央的花朵圖案，其後橙方即使擲1，也不能讓頓牛上前吃掉愛因獅子。

然後，綠方如擲到4，則可讓瓦特犬走到另一花朵圖案上，再獲1次擲骰機會。

7 必須擲到距離終點格數相同的點數，棋子才可走到終點。

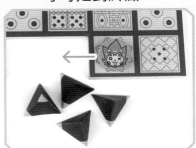

▲例如上圖的愛因獅子差1格就走到終點，就須擲到1才能讓它前進。如擲不到1，就只能移動其他棋子。

8 只要有棋可走就必須走，不能放棄前進。

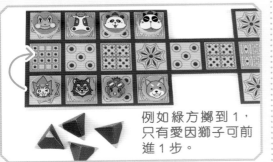

例如綠方擲到1，只有愛因獅子可前進1步。

9 若所有棋都不能移動，就要停一次。

綠方擲到2，所有棋都不能前進，所以要停一次。

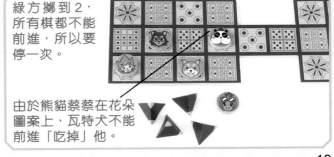

由於熊貓蔡蔡在花朵圖案上，瓦特犬不能前進「吃掉」他。

13

平民也玩的「王族」棋？

「烏爾王族棋」只是這款遊戲的現代稱呼。1922 至 1934 年，英國考古學家倫德納·伍利爵士在烏爾古城（今伊拉克南部內陸）的王墓發現了這副棋，於是叫它「烏爾王族棋」，而其古時名稱則暫未找到。

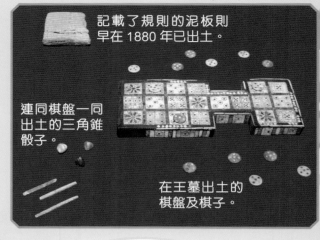

記載了規則的泥板則早在 1880 年已出土。

連同棋盤一同出土的三角錐骰子。

在王墓出土的棋盤及棋子。

4000 多年前，烏爾古城原本是一個沿海城市，但隨着波斯灣海岸線出現變化，如今遺址四周已是沙漠圍繞的內陸地區。

這款遊戲其後在多處亦有出土，有些地點甚至遠離美索不達米亞！

久遠歷史 廣闊名聲

考古學家推測此遊戲在公元前 2500 年已出現，期間衍生多個版本，有些只用 3 顆骰子，有些是每方有 5 枚棋子，估計規則也不相同。芬克爾博士考究的規則則是公元前 200 年所使用。

土耳其

克里特島　黎巴嫩　敘利亞

約旦

以色列　烏爾古城遺址　伊朗

埃及

曾發現烏爾王族棋的地點

斯里蘭卡

最早的文字

蘇美爾人可能發明了世上最早的文字——楔形文字（Cuneiform）。上圖的泥板記載着目前發現最早的遊戲規則，但因其內容很像星座占卜，初時令考古學家誤會，後來經芬克爾博士研究才發現那其實是遊戲解説！

唔……為甚麼要用 4 顆骰子而不用 1 顆骰子？

難道有甚麼巧妙設計？

烏爾王族棋用 4 顆骰子，可令擲到各點數的機會率不一！接下來在「科學實驗室」邊玩邊測試吧！

紙樣

沿實線剪下　　　沿虛線向內摺　　黏合處

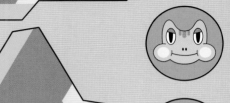

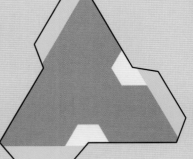

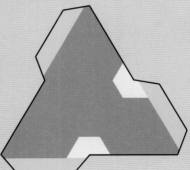

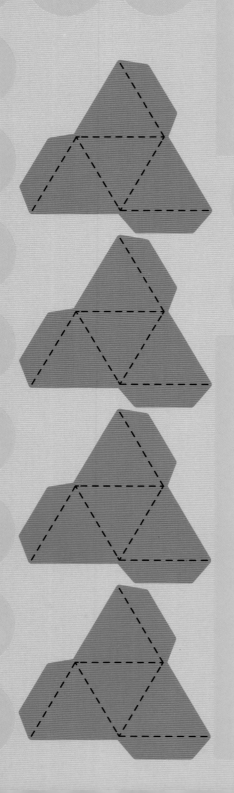

愛因獅子和頓牛的烏爾王族棋局下到一半時，頓牛忽然有個新想法……

用 4 顆骰擲 0 至 4，那弄一顆可擲到 0 至 4 的骰不就更省事嗎？

我猜兩種方式不相同。

數學 π

科學實驗室

直接試試看就知道了！

VS

骰子遊戲攻略

一骰代替四骰？

工具：烏爾王族棋（也可用其他需骰子的遊戲）、剪刀、鉛筆、白膠漿、牙籤

1 將二十面骰的紙樣剪出來，用鉛筆沿虛線輕刮，方便屈摺。

2 摺成立體並用白膠漿貼好。

可用牙籤在黏貼面塗上白膠漿。

二十面骰完成！

用這顆骰子玩一次烏爾王旋棋，並記錄每個點數擲到的次數，就可用來估算每個點數的機率了！

0	愛因獅子和頓牛的結果 55次	你的結果

1	愛因獅子和頓牛的結果 53次	你的結果

2	愛因獅子和頓牛的結果 43次	你的結果

3	愛因獅子和頓牛的結果 63次	你的結果

4	愛因獅子和頓牛的結果 46次	你的結果

擲骰總次數 ▶▶ 愛因獅子和頓牛的結果：260 次　　　　你的結果：＿＿＿＿＿＿

機率 101

機率又稱為機會率、或然率或概率，用來表達在某一件隨機事件中，某個結果出現的機會。

機率最小是 0，代表不可能發生。

最大是 1，代表必定發生。

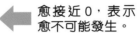

愈接近 0，表示愈不可能發生。

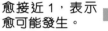

愈接近 1，表示愈可能發生。

機率可經由實驗結果計算出來，也可單憑考慮所有可能出現的結果總數而預測出來，前者稱為實驗機率，後者稱為理論機率。

計算實驗機率

某一點數出現的實驗機率 = 該點數出現的次數 ÷ 擲骰次數

這樣，以愛因獅子與頓牛的骰子擲到各點數為例，其實驗機率如下：

≈ 此符號的意思是「約等於」。

$$\frac{55}{260} = 55 \div 260 \approx 0.21$$

$$\frac{53}{260} = 53 \div 260 \approx 0.20$$

$$\frac{43}{260} = 43 \div 260 \approx 0.17$$

$$\frac{63}{260} = 63 \div 260 \approx 0.24$$

另外，我們也可計算骰子的理論機率。

$$\frac{46}{260} = 46 \div 260 \approx 0.18$$

每顆骰子的實驗機率極少相同。大家也用自己實測得出的數據，用計數機計算出各點數的實驗機率吧！

理論機率

理論機率跟實驗機率的計算方法十分相似：

> **某一點數出現的理論機率 = 可達至該點數的可能性總數 ÷ 所有可能性的數目**

二十面骰每面各有一個點數，所以共有 20 個可能性。而這二十面中，點數 0、1、2、3、4 都各有 4 面，所以每個點數擲出的機率都是 4 / 20，轉成小數後就是 0.2。

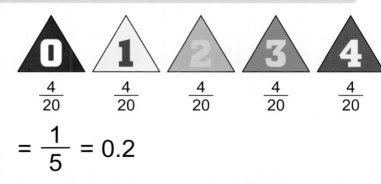

$$\frac{4}{20} \quad \frac{4}{20} \quad \frac{4}{20} \quad \frac{4}{20} \quad \frac{4}{20}$$

$$= \frac{1}{5} = 0.2$$

> 噢？實驗得出的機率跟理論機率不同啊。

因為理論機率只是一個預測，而實驗機率則是實際的情況，故兩者必有差異。一般來說，實驗機率跟理論機率相近，我們仍可判斷擲出 0 至 4 的機率相同。如果差異很大，那就可能是骰子有問題。

> 為甚麼不弄個有 5 個面的骰子做實驗，而要弄二十面體？

要確保骰子擲到每一面的機率相等，其中最簡單的方法就是用正多面體。因為它每面形狀和面積相同，整體對稱，可確保每面機率一樣。可是正多面體只有 5 種，並無正五面體，因此要用正二十面體代替。

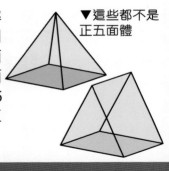

▼這些都不是正五面體

紙樣

沿實線剪下　沿虛線向內摺　黏合處

四面骰實驗

工具：烏爾王族棋（或其他使用骰子的遊戲）、DIY 的四面骰 ×4

如果用原本的骰子，擲到各點數的機率又是多少呢？

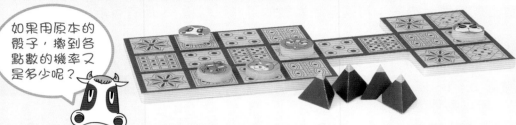

◄用 4 顆四面骰再玩一次烏爾王族棋，同樣把各點數出現的次數記錄下來。

0	愛因獅子和頓牛的結果 14次
你的結果	

1	愛因獅子和頓牛的結果 35次
你的結果	

2	愛因獅子和頓牛的結果 73次
你的結果	

3	愛因獅子和頓牛的結果 46次
你的結果	

4	愛因獅子和頓牛的結果 5次
你的結果	

擲骰總次數 ▶▶ 愛因獅子和頓牛的結果：173 次　　　　你的結果：＿＿＿＿＿＿＿

各點數出現的次數差異很大呢！

使用 4 顆擲到 0 和 1 的骰子，跟使用實驗一的二十面骰相比，擲到 2 的機率明顯高很多，而擲到 0 或 4 的機率則非常低！

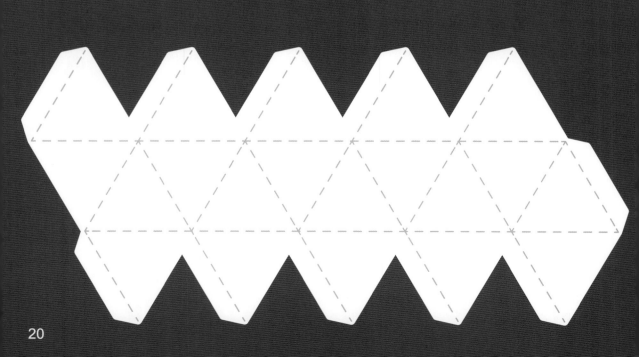

四面骰的機率

分別計算一次四面骰的實驗機率和理論機率。

實驗機率

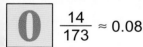 $\dfrac{14}{173} \approx 0.08$

1 $\dfrac{35}{173} \approx 0.20$

2 $\dfrac{73}{173} \approx 0.42$

3 $\dfrac{46}{173} \approx 0.27$

4 $\dfrac{5}{173} \approx 0.03$

理論機率

同樣只有 0、1、2、3、4 這五種可能性，那麼各點數出現的機率應該也是 0.2 啊。

因為用了 4 顆骰子，可能性的總數是所有可能組合的數目，所以不只 5 個，而是有 16 個！

由於每顆骰只會擲到 0 或 1，而擲到兩者的機率相同，只要列出所有 16 個組合，就可找到各點數出現的理論機率。

各點數的組合

0	**1**	**2**	**3**	**4**

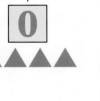

| $\dfrac{1}{16} \approx 0.0625$ | $\dfrac{4}{16} \approx 0.25$ | $\dfrac{6}{16} \approx 0.375$ | $\dfrac{4}{16} \approx 0.25$ | $\dfrac{1}{16} \approx 0.0625$ |

理論機率

雖然計算出的實驗機率跟理論機率差距較大，但仍算吻合呢！

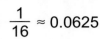

◀所以在玩烏爾王族棋時，要注意跟對手的棋子距離不同，被「吃掉」的機會也不同啊！

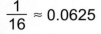

現在我知道了四面骰的機率，贏面更大了！

注意機率只供參考，如擲骰次數不多，那麼各點數出現的次數或會偏離理論機率。就算擲骰次數愈多，也只代表愈有可能接近理論機率啊！

奇妙的防水膠布

哎呀！當大家不小心受了皮外傷，在使用搓手液前須好好保護有傷口的雙手，那就要貼塊膠布了。到底膠布是如何既防水又透氣，又令人感到舒適呢？

透明部分具防水及防菌功能，同時可讓適量水氣及氧氣通過。

護墊不黏傷口，撕走時也不會引起疼痛。

防水看得見！

▼在卡紙貼上膠布，並浸在加入顏料的水中。

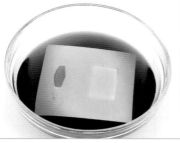

◄ 等待5分鐘，然後取出卡紙並撕走膠布。

貼有膠布的部分受保護，沒有變色！這代表膠布有效阻隔水分、污垢及細菌，加速傷口痊癒。

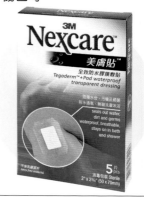

大偵探
福爾摩斯
SHERLOCK HOLMES

科學鬥智短篇㊻
芳香的殺意(2)

厲河=改編　鄭江輝=繪

奧斯汀・弗里曼=原著　　陳沃龍=着色

福爾摩斯　精於觀察分析，曾習拳術，是倫敦最著名的私家偵探。

華生　曾是軍醫，樂於助人，是福爾摩斯查案的最佳拍檔。

上回提要：

　　殺人犯彭伯雷十多年前越獄逃到美國，他改邪歸正後結婚生子。但好景不常，兩年前妻子病逝，他只好與6歲兒子小吉回英國隱居。一天，彭伯雷與小吉在火車上遇到前獄警普拉特。在小吉上廁所時，普拉特更出言威脅，要他第二天晚上在一條偏僻的林蔭道支付掩口費，否則就公開他的逃犯身份。為勢所迫之下，彭伯雷只好答允。然而，他知道勒索者都貪得無厭，勒索將永無休止。為了一勞永逸，他的內心已浮現了一個鏟除威脅的計策……

　　夜晚，彭伯雷與兒子小吉吃過晚餐後，倒了一杯果汁給小吉，指一指飯桌上的書，問道：「你看完了那本**書**嗎？」

　　「還差一點就看完了。」小吉接過果汁，喝了一口後答道。

　　「那麼你繼續看吧。我要出外辦點事。」

　　「爸爸，你去哪兒？」

　　「去見一個**朋友**，沒甚麼事，一個小時之內就會回來。」彭伯雷摸摸小吉的頭說，「你安靜地看書，不要到外面去，知道嗎？」

　　「去見那個在火車上見到的**胖子**嗎？」小吉**出其不意**地問。

　　彭伯雷赫然一驚，他沒想到兒子竟然還記得那頭該死的野豬。

　　「不……不是他。」彭伯雷**期期艾艾**地回答，「我……我的那位朋友……你沒見過的。總之，你看書

吧。我回來後，告訴我書中的故事，好嗎？」

「嗯……」小吉不安地點點頭，再喝了一口果汁，然後才拿起那本書，低着頭讀起來了。

彭伯雷暗地裏噓了一口氣。他知道兒子年紀雖小，但性格非常敏感，常會注意到一些連大人也沒注意的事情。

「不過，他總不會猜到我**接着的行動**吧？」彭伯雷心中苦笑。

他往小吉瞥了一眼，然後悄悄地去到木工房，換了一套便服，戴上鴨舌帽，把餘下的一把**挪威刀**放進一個單肩包中，於7點半左右就出門去了。

15分鐘後，彭伯雷已來到今天早上來過的林蔭道。但與今早不同，這一帶已被黑暗籠罩，幸好**月色尚佳**，不用提燈也能看清楚周圍的環境。他悄悄地打開鐵閘，走到林蔭道的盡頭附近，然後躲在一棵大樹後面。

他**屏息靜氣**地盯着前方的草地，奧格曼將軍的房子就在草地的另一邊，他估計，胖子普拉特會從那房子的方向走過來。

「只要他一來到，我就打開單肩包，假裝掏出掩口費，然後——」他想到這裏時，心中不禁激起一陣悸動。跟十多年前的**衝動殺人**不同，當時是**怒火中燒**之下的魯莽之舉，但這次是有計劃的刺殺，除了必須冷靜沉着外，更需要的是**心狠手辣**！

可是，他自己也知道，現在的他，已不是十多年前那個**血氣方剛**的暴烈青年，自從生了孩子和經歷喪妻之痛後，自己的性格已變得穩重平和，甚至有點兒**怯懦**。所以，今晚的行動對他來說，其實是**知易行難**。但為了小吉，他必須放手一搏。

想到這裏時，他身後「嘎巴」一聲響起，

嘎巴

有人踩斷了枯枝！

彭伯雷大吃一驚，急忙轉身往後看去。

「啊！」原來是野豬普拉特，看來他是外出回來。

「啦啦啦……啦啦啦……」普拉特得意揚揚地哼着歌，搖頭擺腦地向這邊走過來。不過，他並沒有注意到躲在樹後的彭伯雷。

但是，敵人的突然出現，已打亂了彭伯雷想好的行動細節。他眼睜睜地看着敵人在自己眼前經過，完全無法作出反應。

在普拉特走了十多步後，彭伯雷才回過神來，慌忙地悄悄跟上。但他已感到心臟怦怦作響，為了平復內心的恐懼，他深深地吸了幾口氣。這時，他注意到普拉特腳步浮浮，看來喝了不少酒。

看到敵人如此得意，一股強烈的恨意襲來，霎時把恐懼壓了下去。他心想：「那頭死野豬一定是去喝酒慶祝勒索成功！我不能讓他得逞！」

就在這時，胖子已走到那棵藏着挪威刀的角樹前面，彭伯雷連忙叫道：「喺！是普拉特先生嗎？」

「啊！你來了？」胖子移動着他那笨重的身軀，搖搖晃晃地轉過身來，並大聲笑道，「哈哈哈，老朋友，你好準時呢！」

「我不是言而無信的人，當然準時。」彭伯雷一邊說一邊往敵人走去。

「太好了，我最喜歡一諾千金的人。」普拉特笑盈盈地說，「那麼，你把我的『金』也帶來了吧？」

「帶來了。」彭伯雷一步一步地走過去，「為表誠意，我帶來了半年的費用，共100鎊。希望你不要把事情張揚開去。」

「**哇哈哈！**太好了。」普拉特開心大笑，「放心吧，你是我的搖錢樹，我又怎捨得**自斷財路**。快把錢拿來吧。」

「好的。」說着，彭伯雷把手伸進單肩包中，抓住了**挪威刀**的刀柄。

「謝謝你啊，今後我每天有錢去喝酒啦。」普拉特**恬不知恥**地說。

「**拿去吧！**」突然，彭伯雷猛地抽出利刀，一個箭步就往普拉特衝去。

普拉特看到刀刃上**寒光一閃**，不禁驚叫一聲，慌忙轉身就逃。

但彭伯雷一步就追上了，他看準普拉特的左背，舉起利刀使勁地插去。但同一刹那，胖子忽然一晃，那龐大的身軀竟往前倒去，叫彭伯雷插了個空。

彭伯雷用力過猛，好不容易才穩住腳步。這時，普拉特已「**嘭**」的一聲倒在地上。這個預計之外的變故，令彭伯雷**亂了方寸**，他呆站了幾秒鐘，竟不懂得**乘勝追擊**。

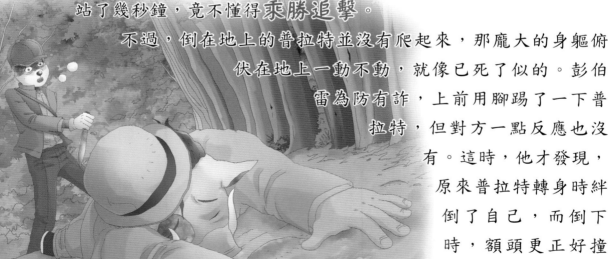

不過，倒在地上的普拉特並沒有爬起來，那龐大的身軀俯伏在地上一動不動，就像已死了似的。彭伯雷為防有詐，上前用腳踢了一下普拉特，但對方一點反應也沒有。這時，他才發現，原來普拉特轉身時絆倒了自己，而倒下時，額頭更正好撞在一塊埋在地面的**石頭**上，看來已昏了過去。

彭伯雷呆呆地看着那個暴露於自己眼下的、完全沒有防備的背部，他知道，只要朝左背近心臟的部位插下一刀，普拉特必死無疑。可是，這時他卻猶豫了，一個活生生的人躺在眼前，反而令他清醒了。

　　「那是一條命啊。你十多年前在**一時衝動**之下，已奪取了一個人的性命，現在還要**重蹈覆轍**，再取一條活生生的命嗎？」靈魂深處的呼喚，令彭伯雷頹然垂下了手中的刀。昨天遇到普拉特後萌生的強烈殺意，就像一陣煙霞似的，已忽然散去。

　　「我⋯⋯我不能再殺人⋯⋯我實在太冷血了⋯⋯」不知怎的，彭伯雷兩頰留下了懊悔的淚水。他緩緩地轉過身，把手中的刀一扔，扔到旁邊的樹下。

　　「我可以帶小吉逃走，只要逃離這個小鎮，就能擺脫普拉特。對！趕快回家，**連夜出發**的話，就不怕被逮着了。」彭伯雷立定了主意，馬上加快腳步往前走。

　　然而，就在這時，一股寒風突然從後掩至。

　　「嗚！」他的喉頭發出了一下低沉的悲鳴。

　　他感到脖子已被一雙巨手扼住，完全透不過氣來⋯⋯

　　早餐過後，福爾摩斯點燃了煙斗，正想抽一口煙時，門外卻響起了一陣急促的腳步聲。

　　「唔？看來是狐格森探員呢。」福爾摩斯說。

　　「是嗎？又憑腳步聲就聽出來了。」華生已**見怪不怪**。

　　果然，門「**砰**」的一聲被推開，狐格森**氣急敗壞**地走了進來。

　　「福爾摩斯，這次你一定要幫幫我，否則我嚥不下這口氣！」狐格森赤紅着臉嚷道。

　　「誰讓你受氣了？」華生問。

「還有誰！當然是那隻**臭猩猩**啦！」

「你指的是李大猩？」福爾摩斯沒好氣地說，「你們常常吵架，不是你讓他受氣，就是他讓你受氣，不用過分緊張吧。」

「哎呀！這次可不同。情況是這樣的，貝斯福鎮發生了一起命案，嫌疑犯是一個巡警，名叫**艾利斯**。由於事關警隊的聲譽，局長就派我和李大猩去調查。」狐格森激動地說，「可是，當去到當地警察局時，李大猩原來認識案中主要證人**奧格曼將軍**，他只聽了**片面之詞**，就完全相信了將軍的證詞，一口咬定艾利斯是兇手。我只是循例質疑了一下，他竟當眾奚落我，說我是個**超級大笨蛋**。太過分了！我實在無法嚥下這口氣！」

「原來如此。」福爾摩斯斜眼看了看華生。華生意會，他知道福爾摩斯並不想捲入這對活寶貝的**鬥氣紛爭**之中。

「那麼，你想我怎樣幫你？」福爾摩斯故意擺出一副**漫不經心**的樣子說，「如果那個艾利斯確實有很大嫌疑的話，我也**愛莫能助**啊。」

「不！我認為他是被冤枉的！」狐格森**振振有詞**地說，「雖然艾利斯性格暴躁，在當獄警時常常以暴力對待囚犯。不過，據他在警察局的同僚說，他自轉行當差後已改變了很多，只是**35次**被市民投訴他辦事不力；**20次**出言辱罵他人；**11次**向被抓到的小偷動粗，但最嚴重的一次只是把小偷打到留醫**3天**罷了。所以說，不論怎樣看，他也不像一個會殺人的兇手！」

聽完狐格森那**斬釘截鐵**的辯護

後，福爾摩斯和華生都不禁啞然。對他們來說，這些辯護更像**指控**，看艾利斯平日那些粗暴的行徑，實在太像一個會衝動殺人的兇手了。

「老朋友，非常抱歉，我很想幫你，但最近接了幾宗大案子，實在沒空。」福爾摩斯慌忙**托詞推搪**。

「說起來，最近感冒肆虐，我的診所也很忙啊。」華生也想立即撇清關係。

「甚麼？這是**冤獄**啊！難道你們忍心**見死不救**嗎？」狐格森失望地說。

「報上說**證據確鑿**，看來很難翻案。辛苦你了，就嚥下這口氣吧。」福爾摩斯裝模作樣地安慰道。

「氣死我了！想起那隻死猩猩**意氣風發**的樣子，我就想捏死他！」狐格森邊罵邊走，在踏出門口時，更憤怒地吐了一句，「最討厭就是那些**警犬**！怎能憑那幾條狗，就認定艾利斯是殺人兇手！」

「甚麼？」福爾摩斯聽到那最後的一句說話，慌忙叫道，「**且慢！**你剛才說甚麼警犬來着？」

被叫住了的狐格森回過頭來說：「警犬呀！奧格曼將軍靠的就是他那幾條警犬破案的呀。」

「**啊！**」福爾摩斯猛然記起，「報上好像說過，全靠警犬聞出了**氣味**，才知道艾利斯是兇手的。」

「對，這是破案的關鍵。」

福爾摩斯想了想，說：「**好吧！我幫你。**」

「啊？怎麼突然又**回心轉意**了？」狐格森訝異。

「沒甚麼，你是我的老朋友嘛，你受了委屈，我又怎能**袖手旁觀**。」福爾摩斯擺出一副**捨我其誰**的樣子說。

「太好了！我就知道你會幫我！」狐格森**感激流涕**。

華生知道，福爾摩斯並不相信單靠警犬就足以把嫌疑犯入罪，所以一聽到「**警犬**」就改變態度，他肯定是想去親自印證一下自己的想法。

　　「為了幫老朋友，你也會去吧？」福爾摩斯眨了眨眼，向華生問道。

　　「我嗎？你已答應出手，我當然**義不容辭**啦。」華生也馬上答應了。不過，他其實想看看老搭檔出出洋相，要是警犬真的能破案，福爾摩斯日後也不敢太過**囂張**了。

　　大喜之下的狐格森，馬上**一五一十**地道出了案發的經過：

　　事發當晚，貝斯福火車站的檢票員看到一身酒氣的普拉特於7時45分下車，並朝奧格曼將軍家的方向走去，看上去有點**腳步浮浮**。但是，當晚他一直沒有回家，到了翌日早晨7點半左右，將軍家的女傭外出，卻在通往他們家的林蔭道上，看到他伏於**血泊**之中，其**左背**和**右大腿後側**上都有明顯的**傷口**，地上還有一把染了血的挪威刀。

　　差不多同一時間，奧格曼將軍從倫敦回來，也看到現場的狀況。

他確認普拉特已死亡後，一方面叫僕人去報警，一方面從家中拉出三隻訓練有素的狼狗，讓牠們嗅了嗅地上的**血刀**，再去嗅了嗅屍體。之後，三隻狗不斷在地上嗅，一路沿着林蔭道往馬路走去。在牠們的帶領下，將軍等人一直追蹤到當地的**警察局**。更出奇的是，三隻狗都不約而同地撲向正在辦公的**艾利斯**。

　　據說，要不是將軍等人拚命拉着牠們，艾利斯肯定會被咬至重傷。

　　「當時警察局內有其他人嗎？」福爾摩斯問。

　　「有，有兩個警察和一個郵差。」狐格森說，「將軍把狗拉到三

人跟前，牠們只是在三人腳邊嗅了嗅，並無特別的反應。」

「於是，就把艾利斯抓起來了？」華生插嘴問。

「本來，貝斯福警察局是不願意馬上抓人的，畢竟是自己的同僚嘛。」狐格森說，「可是，奧格曼將軍根據狗的反應，已認定了艾利斯去過兇案現場，極力主張把他抓起來。警察們也就只好照辦了。」

「艾利斯還有其他疑點嗎？」

「報上也報道了，他與遇害人普拉特曾經在同一所監獄共事，據說一向有積怨，早前艾利斯走去將軍家找一個女傭獻殷勤，普拉特很不滿，就跑到警察局投訴，讓艾利斯被上司罵了一頓。」

「那麼，你們搜查了艾利斯吧？」

「連他的家也搜過了，甚麼也沒找到。」

「血跡甚麼的都沒有？」

「沒有，他身上也沒瘀傷之類的痕跡。」狐格森說，「不過，他說當晚下班後就回家，所以沒有證人能證明他不在現場。」

「那麼，關於死者普拉特呢？你們有甚麼發現嗎？」福爾摩斯問。

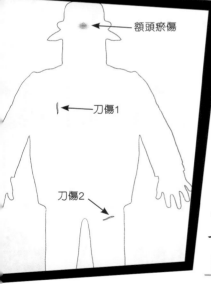

額頭瘀傷

刀傷1

刀傷2

「已出了驗屍報告，他口袋中的錢包並沒失去，看來不像劫殺。此外，他身上共有三處受傷的地方。一處在額頭，是撞擊造成的瘀傷，但並不致命。另外兩處是刀傷，一處在右邊大腿的後方，一處在左背上，而且是致命的一刀，因為插穿了心臟。」

「那麼，傷口符合刀子的特徵嗎？」華生問。

「表面上看符合，但不能百分百肯定。」

「已證明刀子是艾利斯的嗎？」

「尚未能證明。他自己當然否認，但也沒人看過他有那種刀。」

「有沒有檢視過兇案現場的地面？例如有否可疑的**鞋印**之類。」

狐格森苦笑了一下，說：「我有去看過，但現場的地面**亂七八糟**的，佈滿了將軍、女傭、僕人和當地警察的**鞋印**，再加上那三隻狼狗也曾在那裏團團轉，根本不可能找到有用的印記。」

「我明白的。」福爾摩斯想了想，又問，「除了兇刀之外，還有沒有找到**別的東西**？」

「有，不過看來與兇案沒甚麼關係。」

「為甚麼？」

「因為只是一本**兒童圖畫書**。」

「兒童圖畫書？」

「對，是在距離屍體十多碼外的大樹後面發現的，書有點**破舊**，估計是被人丟棄在那兒的。」

「你們有把書收起來嗎？」

「收起來了，放在當地警察局。」

「唔……這起案子很**棘手**呢。」福爾摩斯有點擔心地說，「現在，我們手頭上只有兩件證物，一是那把**染血的挪威刀**；一是那本看來沒用的**兒童圖畫書**。艾利斯沒有不在現場證明，又有殺人動機，更是惟一的嫌疑犯，要為他翻案並不容易呢。」

「那怎麼辦？」狐格森問。

「**事不宜遲**，馬上去案發現場看看。」福爾摩斯沒有信心地說，「希望能找到一些你們沒發現的**線索**吧。」

幾個小時後，三人已來到了貝斯福警察局的停屍間。

「唔……傷口上有些**泥沙**呢。」福爾摩斯用放大鏡檢視死者**額頭上的傷口**，自言自語地說，「究竟是一塊石頭造成的？還是他倒在地上時黏上的呢？」

「為何這樣問？有甚麼分別嗎？」狐格森問。

「當然有分別。」福爾摩斯答道，「如果是倒在地上時黏上的，**泥沙**就與兇器沒有關係。反之，倘若是由一塊**石頭**造成的，那很可能就是兇手用來**襲擊死者的工具**。」

「但是，傷口在額頭上，只有兩個可能。」華生說，「①兇手從正面近距離襲擊。②兇手扔出石頭，擊中死者。」

「死者是死於刀下，證明兇手**早有預謀**要殺他，為何先以石頭襲擊呢？實在奇怪。」福爾摩斯摸不着頭腦。

「我們也想過這個問題，但在死者伏屍附近，並沒有一塊這樣的**石頭**啊。」狐格森說。

「是嗎？這就更奇怪了。」福爾摩斯說，「兇手連**兇刀**也沒撿走，為何要撿走一塊**石頭**呢？」

華生和狐格森都感到**茫無頭緒**。

「算了，這個問題先按下不表，看看那致命一刀吧。」說着，福

爾摩斯把屍體翻轉，用放大鏡仔細地檢視了死者**左背上的傷口**，「果然如驗屍報告所說，此刀直達**心臟**，看來刺下的力度甚大。從傷口的形狀看，兇手應該是**反手**握着刀從上扎下的。」

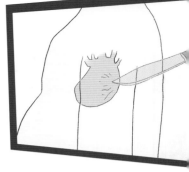

然後，福爾摩斯又看了看**右腿後面的傷口**，說：「這一刀卻相反，傷口很淺，看來力度並不大呢。」

「這並不奇怪，它的位置低，兇手也難發力。」狐格森說。

「是嗎？」福爾摩斯皺起眉頭，用手量了一下說，「但傷口距離腳底約**2呎4吋**，位置低得有點異常啊。」

「這沒甚麼值得奇怪的，可能是死者與兇手兩人糾纏時**雙雙倒在地上**，兇手隨手一刀扎下，就會扎到那種位置了。」狐格森分析。

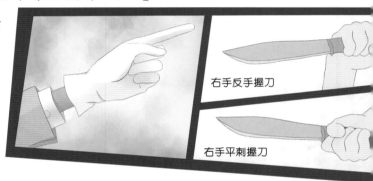

右手反手握刀

右手平刺握刀

「確實有這個可能。」福爾摩斯說，「不過，從傷口看，大腿上這一刀，卻**並非反手**握着刀扎下，而是**平刺**的。」

華生連忙湊過去看了看傷口，說：「對，這傷口略斜，確是平握着刀刺出來的。」

「實在不可思議，**三個傷口**顯示出**三種不同的情況**，究竟兇手是怎樣行兇的呢？」福爾摩斯看來感到非常迷惑。

「不如看看兇刀吧。」狐格森說着就走了出去，不一刻，將一把染了血的挪威刀拿來了。

　　福爾摩斯連忙檢視了刀刃和刀鋒的大小，然後無言地點點頭。看來，他已同意這就是兇刀了。不過，他突然眼前一亮，用放大鏡在**刀柄**上看了又看。

　　「怎麼了？刀柄上有甚麼嗎？」華生問。

　　「你們看看，這裏有點奇怪。」福爾摩斯指着刀柄上一處**掉了漆的地方**。

　　「是新刮的痕跡呢。」華生說。

　　「對，這是把**新刀**，刀柄上卻被刮走了**一小片漆**，看來是故意的。」福爾摩斯說着，用鼻子湊上去用力地聞了一下。

　　「你把自己當作警犬嗎？聞甚麼？」華生趁機取笑。

　　可是，福爾摩斯突然臉色一沉，說：「警犬認錯人了，艾利斯很可能是無辜的，我們必須**為他翻案**！」

　　「真的嗎？」狐格森又驚又喜，「你發現了甚麼？為何這樣說？」

香氣！因為刀柄上有一股麝香的氣味！

下回預告：麝香與兇案有何關係？兩種不同的刀傷又說明了甚麼？福爾摩斯抽絲剝繭，揭開罪案背後的驚人秘密！

樹木攻防戰

兒科學校正在上映
一齣有關樹木的話劇。

共享資源

1 樹葉吸收陽光後進行光合作用以製造糖。

有過百種真菌與樹木共生,並把樹木連接起來,形成巨大的網絡。

古樹因長得高大,故接觸更多陽光,可製造大量糖。樹愈古老,就有愈大的真菌網絡,與愈多樹連結。

生長在陰影下的樹鮮有機會進行光合作用,故產生較少糖。

謝謝古樹爺爺!

糖太多了我用不完,真菌們,請把它傳送給那邊的小樹。

遵命!

遵命!

2 糖沿着樹木往下流至樹根。

2 真菌會把營養物傳送到樹根作為回報。

3 糖經過那些包圍或穿透樹根細胞的菌絲體,一部分會被真菌吸收,其餘則流動至其他樹木的根部。

1 真菌比樹木更快從土壤吸取營養物,如在石頭上分泌酸溶解其表面,以獲取氮及磷。

主角介紹

真菌

樹木 ←共生關係→

長出菌絲伸延至泥土，從中獲取水和營養。

菌絲集結成巨大的菌絲體。

吸收陽光進行光合作用，製造出葡萄糖。

包括酵母、黴菌及菇類*，需要糖來維生，但無法進行光合作用去產生糖。

*有關真菌和菌絲，請參閱第180期「科學快訊」。

在我們的腳下，有一個不為人知的地下網絡……

轉贈資源

我患了褐根病，該活不久了，把僅餘的養分傳送給大家吧！

有昆蟲咬破我的葉子，各位要小心提防！

1 被攻擊的樹木傳送化學訊號。

嘻嘻，讓我偷點營養！

收到！讓我及早防範！

2 附近樹木產生更多保護性酵素，如在葉中分泌苦味化合物，減低該昆蟲的食慾。

有些蘭花能入侵網絡，截取其他樹木正在傳送的營養。

入侵與防禦

有些樹如東部黑核桃會傳送有毒化學物給鄰近樹木，以防它們搶奪營養。

想和我競爭？妄想，受死吧！

在我們腳下，樹木互相幫助或傷害的一幕幕每一刻都在上演……

開心禮物屋

我就是福爾摩獅!

超級偵探以STEM知識調查!

A 密探科技STEM

接駁簡單電路,輕鬆製作各種探測器!

B 福爾摩斯鷹眼

多人遊戲,找出兇案現場的不同之處!

C Princess Garden 立體拼圖

你夠細心完成它嗎?

D 迷你遙控無人機

室內戶外皆宜,腕帶式控制器方便攜帶!(不含鏡頭)

E LEGO®Speed Champions 75892 McLaren Senna

重現以傳奇車手Senna命名的超級跑車!

F 小熊維尼疊疊樂

安坐家中訓練平衡力!

G Crayola迪士尼公主神奇填色套裝

特別設計顏色筆,只會在特定紙張上色,不怕弄污四周!

H 美斯泡泡足球

在家也可踢的「泡泡」足球!

I paper nano 香港

摺出維港兩岸優美景色!

第183期得獎名單

A	酒店大亨	林信	F	紙箱戰機模型	易恩沛
B	兒童桌上足球機	周頌暉	G	MARVEL SUPER HERO MASHER	彭謙懷
C	木製Ukulele	吳恩霈	H	浮水畫套裝	楊學義
D	層層疊吊橋版	李泛賢	I	星光樂園Q版偶像FIGURE	賴啟灝
E	香蕉拼字遊戲	區文雅			郭漳銳

規則

截止日期:9月30日
公布日期:11月1日(第187期)

★問卷影印本無效。
★得獎者將另獲通知領獎事宜。
★實際禮物款式可能與本頁所示有別。
★匯識教育公司員工及其親屬均不能參加,以示公允。
★如有任何爭議,本刊保留最終決定權。

由於疫情關係,今期禮物將會直接寄往得獎者於問卷上填寫之地址。

第181期
得獎者

《兒童的科學》
創作組＝編

Costo＝插畫

特立獨行的科學天才
愛因斯坦（上）

「如果我可以追上光，那將會看到甚麼呢？」

阿爾伯特在街上邊走邊思考，嘗試想像這個不可思議的景象。當他回到住處門前，摸摸口袋，卻發覺裏面空無一物。

「啊，又忘了帶鑰匙。」他便在門外高聲呼叫，「溫特勒太太！」

不一會，大門打開，溫特勒太太就出現在門後。

「你又忘記帶鑰匙了？」她稍微抱怨道。

「抱歉，我在想一個傷腦筋的問題，不知不覺間就……」

「唉，你這樣丟三落四才令人傷腦筋呢！」

阿爾伯特沒理會對方的抱怨，逕自回到房間，繼續思索剛才的問題：「如果真的能與光並駕齊驅，理論上就會看到一束既在震動又是靜止的電磁波……哎，甚麼啊，那應該是不可能的吧。」

他反復思量，卻始終理不清頭緒，惟有暫時將這古怪的念頭藏在心底，希望有朝一日能找出箇中真相。

那時誰也沒想到，這名做事冒失的16歲少年往後與光結下

不解之緣，並因此成為**蜚聲國際**的物理學家，獲得**諾貝爾獎**的榮譽。其姓氏——愛因斯坦——亦因他與「天才」一詞幾乎劃上等號。

阿爾伯特・愛因斯坦 (Albert Einstein) 努力探究光的本質，繼而在各個科學範疇穿梭往來，從微小到肉眼無法看見的原子世界，到廣闊深邃的宇宙，以至抽象神秘的時空領域，都一一涉足其中。而他那聞名於世的**相對論**，也與光有着千絲萬縷的關係。

相對論打破傳統思維，顛覆人們舊有的觀念。他能有此**創見**，源於其敢於**挑戰權威**的性格，這種特質自其年輕時就已表露無遺。

叛逆少年

1879年，愛因斯坦降生於德國**烏爾姆**[1]的一個猶太家庭。他是家中長子，下有一個妹妹。父親從事貿易工作，後來生意垮了，便轉而加入弟弟開設的電力公司，並於1882年舉家遷至**慕尼黑**。

在父母眼中，愛因斯坦是個發育有點遲緩的孩子，差不多到兩三歲後才懂得說話。這令兩人**擔心不已**，甚至曾為此找醫生商量。後來他漸漸成長，則鮮與其他孩子四處玩耍，反而更喜歡獨自疊紙牌、堆積木、擺弄各種機械玩具，有時則坐在一角思考謎題，只是在旁人看來卻似在發白日夢。

雖然兒子生來有點**與別不同**，但雙親仍用心照料，先後送予一份終生受用的特別「**禮物**」給他。

在愛因斯坦五歲時，曾因患病而臥床休息多天。期間，爸爸來到床邊，問：「阿爾伯特，你覺得怎樣？」

「一直躺在床上，很悶啊。」愛因斯坦輕輕伸了伸懶腰道。

「那我送你一個東西解解悶吧。」說着，對方就將一個巴掌大的物件放在他手上，「這是**指南針**。」

「指南針？」

「你看到裏面那根針吧？」爸爸指着玻璃下的指針說，「它具有**磁性**，不管在哪個地方，都會一直指向南北兩面啊。」

　1.烏爾姆 (Ulm)，位於德國西南部的巴登-符騰堡州。

愛因斯坦聽到後非常驚訝，不停把指南針移往不同位置。果然，無論移到哪裏，磁針依然指着相同方向。

「究竟是甚麼力量令它指向同一個方向呢？」小小的腦袋好奇地想着磁力背後的原理。

這件事間接啟發他日後循磁場、引力等這些無形力量的領域深入鑽研下去。

至於喜歡音樂的媽媽所送的「禮物」，就是讓愛因斯坦學習拉小提琴。起初他很不滿意其安排，但自從聽過莫札特[2]的樂曲後就大為改觀，不再抗拒。他尤其喜歡莫札特和巴哈[3]，經常在媽媽的鋼琴伴奏下，一手執琴，另一手拉着弓合奏音樂。

他長大後曾多次提到音樂對自己裨益甚大，尤其遇上科學難題時更會忘我地拉琴，以冷靜下來繼續思考。

當愛因斯坦升上小學後，在科學方面的才華漸漸顯露。他的成績超越其他同學，尤其數學更是出類拔萃，時常考得第一名。雖然他不喜歡學習須死記硬背的語文，但仍獲取佳績。

後來，學校所教的已無法滿足他的學習需求。父母遂購買各種課外書，讓兒子在暑假時自修幾何和代數。當別的小孩在外面嬉戲時，他卻整天留在房中解題，而且樂此不疲。另外，那時有位大學醫科生常到訪愛因斯坦家，帶來許多科學讀物。愛因斯坦看得入迷之餘，也學到更多有關光、電、磁等知識。

只是，快樂的童年時光轉瞬即逝。升上中學後，反叛的性格卻令他難以適應校園生活。當時德國受帝國軍政風氣影響，中學強調軍事紀律。老師要求學生絕對服從，不容他們表達其他意見，這種刻板的教學方式令愛獨立思考的愛因斯坦深惡痛絕。他在課堂敢於挑戰身為權威的老師，其高傲無禮的態度令自己成了校方的眼中釘。

2.胡爾夫岡‧阿瑪迪斯‧莫札特 (Wolfgang Amadeus Mozart) (1756-1791年)，神聖羅馬帝國 (現今德國) 的作曲家與鋼琴家。
3.約翰‧塞巴斯蒂安‧巴哈 (Johann Sebastian Bach) (1685-1750年)，神聖羅馬帝國 (現今德國) 的作曲家、管風琴與提琴演奏者。

1894年，父親為工作而決定舉家搬到**意大利**生活，只留下愛因斯坦一人在德國繼續學業。結果，這名失去家庭依靠的15歲少年更難承受學校帶來的**痛苦**，於是下了一個極大膽的決定。

據說當時愛因斯坦悄悄請一位家庭醫生寫信證明自己患上**神經衰弱**，申請退學休養。此無疑正中校方下懷，老師們也對這個不聽話的聰穎學生「**敬謝不敏**」，遂爽快地批准了。

愛因斯坦隨即收拾行李，乘火車前往意大利，告訴**大吃一驚**的父母不再回慕尼黑讀書，也宣佈放棄德國公民身份。

大學生涯與專利工作

愛因斯坦雖從德國的中學退了學，卻不打算放棄學業。他原本希望入讀蘇黎世聯邦理工學校[4]，但因年紀不足，故先在阿勞市立中學[5]上課。由於那裏校風**自由**，加上**靈活**的教學方式，令他學習得很**愉快**。期間，他寄住在溫特勒一家，並開始做些思考實驗，例如前述的光速景象。

1896年，愛因斯坦順利考入蘇黎世聯邦理工學校，且依舊不改其**桀驁不馴**的本色。他發覺學院所教的知識落伍，遂常常蹺課，只隨喜好學習，自行閱讀新近的物理大師如波茲曼[6]、赫茲[7]等的著作。另外，他又經常與同學到**咖啡館**討論各種科學與哲學思想。

此外，攻讀期間他只專注學習物理，卻忽略高等數學，被數學教授閔考斯基[8]狠狠批評為「**懶鬼**」。那時他對之不屑一顧，並沒想到日後將為此事深感**後悔**。更意想不到的是在他建立相對論時，那位教授反幫了自己一把。

4. 蘇黎世聯邦理工學校創立於1855年，現改稱為「蘇黎世聯邦理工學院」(Swiss Federal Institute of Technology in Zurich，簡稱ETH Zurich)。
5. 阿勞市立中學 (Old Cantonal School Aarau)，位於瑞士阿勞，創立於1802年，是瑞士最古老的非教會中學。
6. 路德維希·愛德華·波茲曼 (Ludwig Eduard Boltzmann) (1844-1906年)，奧地利物理學家。
7. 海因里希·赫茲 (Heinrich Rudolf Hertz) (1857-1894年)，德國物理學家，最早以實驗證明電磁波存在。
8. 赫爾曼·閔考斯基 (Hermann Minkowski) (1864-1909年)，德籍猶太裔數學家。

愛因斯坦種種行徑在許多教授心中留下惡劣的印象，加上對考試毫不在意，令評分更差，結果僅以合格成績畢業。及後，他在求職之路上更是**處處碰壁**。

　　他深信自己必能在學院爭得工作席位，向多間大學投出求職信，可惜全都**石沉大海**，只好做些零星的家教工作**糊口**。不過，他並沒氣餒，仍不斷撰寫多篇論文，並將其附於信內以證明自己的實力。

　　自畢業後兩年，藉由昔日同窗格羅斯曼[9]的父親向瑞士專利局長推薦，愛因斯坦終於得到一份固定工作。獲聘為**瑞士伯爾尼專利局**[10]的專利審查員，年薪3500法郎，主要負責審查各項專利申請。

　　由於他效率高，很快完成工作，得以偷偷利用**餘暇**做研究，途中當然要提防被上司發現呢。一旦有人經過，他就立刻用文件掩蓋散亂的計算筆記，**假裝**埋首工作。

　　那時愛因斯坦已**成家立室**，妻子米列娃是他的大學同班同學。兩人於入學時相識，及後慢慢變得親近，最終墮入愛河，並於1903年**共偕連理**，次年長子漢斯[11]出生。另外，他與好友索羅文[12]、哈比希特[13]、貝索[14]等組織「**奧林匹亞學會**」[15]。眾人一起討論科學和哲學，閱讀各種古典作品，從中獲得不少啟發。

　　這段時期愛因斯坦**收入穩定**，有閒暇和心力研究各種各樣的題目如分子、光學、電磁學、熱學等。到1905年，他終於發表多篇突破性的論文，為科學界帶來**翻天覆地**的改變！

奇跡之年①——光與分子

　　從1905年3月到9月，愛因斯坦發表了4篇論文和1篇短文，對多個科學領域影響深遠，史稱「**奇跡之年**」。這與牛頓「神奇的兩年」相比，可謂有過之而無不及。

9. 格羅斯曼·馬塞爾 (Marcel Grossmann) (1878-1936年)，瑞士數學家。
10. 瑞士伯爾尼專利局 (Swiss Federal Institute of Intellectual Property)，創立於1888年。
11. 漢斯·阿爾伯特·愛因斯坦 (1904-1973年)，二戰前夕移居美國，成為美籍水利工程師，後來擔任柏克萊加州大學水利工程學教授。
12. 莫里斯·索羅文 (Maurice Solovine) (1875-1958年)，羅馬尼亞哲學家與數學家，曾在瑞士的伯恩修讀哲學。
13. 康拉德·哈比希特 (Conrad Habicht) (1876-1858年)，瑞士數學家。
14. 米給雷·安傑洛·貝索 (Michele Angelo Besso) (1873-1955年)，瑞士籍意大利裔電機工程師。
15. 「奧林匹亞學會」(Olympia Academy)。

第一篇論文於3月發表，題目是〈探討光的產生和轉變〉[16]，當中探究了光的本質。

究竟光是甚麼？這在科學界一直存有爭論[17]。牛頓提倡光是粒子，其學說風靡於18世紀。可是到19世紀初，楊格[18]以實驗推論光是一種波，推翻了光粒說。後來馬克士威[19]以方程式連結電、磁與光的關係，提出光是電磁波。1888年，赫兹以實驗證實電磁波的存在，確立了光波說。

然而，光波說卻無法解釋一些特殊現象，例如光電效應。那是若有光照在金屬上，附於金屬的電子便會吸收光的能量，並脫離原子控制而飛出。根據光波說，只要光源愈強，理應有愈多能量使電子飛出，但實際情況卻非如此。只有紫外線之類波長較短的光[20]才能使電子飛出，若以紅外線等波長較長的光去照射金屬，不管光源多強也無法產生效果，這令科學家非常困惑。

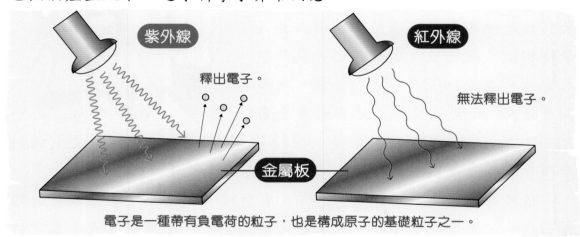

電子是一種帶有負電荷的粒子，也是構成原子的基礎粒子之一。

愛因斯坦藉着普朗克[21]的量子假說，提出光是由一團團微小的能量包組成。那些能量包名為「光量子」(light quantum)[22]，是光能量的最小單位。光的亮度取決於光量子的數目，愈多就愈亮。

不過，他並未捨棄光波特質，指出光量子所含能量大小取決於光的波長。波長愈短的光，每粒光量子的能量就愈大。當能量大過某一特定數值時，電子就可從金屬脫離，否則就不能飛出。

16.〈探討光的產生和轉變〉(On a Heuristic Point of View Concerning the Production and Transformation of Light)。
17.有關光的爭論，也可參閱《兒童的科學》第183期「誰改變了世界？」。
18.湯瑪士·楊格 (Thomas Young) (1773-1829年)，英國科學家兼通才，對光學、力學、醫學、音樂、語言等都有深入研究，也是歐洲其中一位較早嘗試解譯羅塞塔石碑上的埃及象形文字的學者之一。
19.詹姆斯·克拉克·馬克士威 (James Clerk Maxwell) (1831-1879年)，蘇格蘭數學物理學家，寫下著名的「馬克士威方程組」。
20.若想知道更多各種光的波長資料，請參閱《兒童的科學》第184期「科學實踐專輯」。
21.馬克斯·卡爾·恩斯特·路德維希·普朗克 (Max Karl Ernst Ludwig Planck) (1858-1947年)，德國物理學家，因發現量子而於1918年獲得諾貝爾物理學獎。
22.1926年由美國物理學家吉伯爾特·路易斯 (Gilbert Newton Lewis) 改稱為「光子」(photon)，此後一直沿用此名。

換句話說，光具有粒子的性質，也有波的性質，此稱為「**波粒二象性**」。

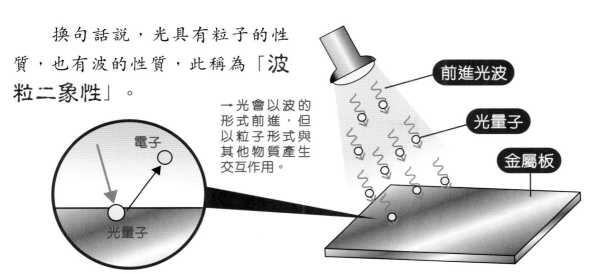

→光會以波的形式前進，但以粒子形式與其他物質產生交互作用。

電子

光量子

前進光波

光量子

金屬板

1919年，物理學家密立根[22]以實驗率先證明愛因斯坦理論正確。後來，另一科學家康普頓[23]發現，當波長較短的**X光**射向某物質後，其波長就變長了。此現象稱為「康普頓效應」，可視為光子碰撞物質上的電子後失去一些能量，造成**波長偏移**。由此證明光既是波，也是粒子。

接著，為取得博士學位，愛因斯坦以**測量分子**為題，於4月尾寫成第二篇論文：〈測定分子大小的新方法〉[24]。

從前，人們以氣體分子的動量計算原子大小。1811年科學家阿佛加德羅[25]提出，在相同的**溫度**與**壓力**環境下，不同氣體只要具有**同等體積**，其粒子數目都是相同的。後來，科學家以「摩爾」[26]作為粒子數目的標準單位，並將1摩爾代表的粒子數目命名為「阿佛加德羅常數」，而目前測定大約是每摩爾6.02214×10^{23}粒[27]。

愛因斯坦則改用液體計算。他以**糖分子**在水中擴散時出現的**黏度**計算其大小與數目。經數次修改，得出糖分子的半徑約為0.49納米；阿佛加德羅常數則約為6.56×10^{23}，與現代的版本接近。

↑當糖在水中溶解時，糖分子向外擴散。糖分子數目愈多，所受的阻力也愈多，就愈難向外擴散，形成愈高的黏度。

22.羅伯特・安德魯斯・密立根 (Robert Andrews Millikan) (1868-1953年)，美國物理學家。
23.阿瑟・霍利・康普頓 (Arthur Holly Compton) (1892-1962年)，美國物理學家。
24.〈測定分子大小的新方法〉 (A New Determination of Molecular Dimensions)。
25.阿莫迪歐・阿佛加德羅 (Amedeo Avogadro) (1776-1856年)，意大利化學家。
26.摩爾，符號是「mol」，表示物質所含基本粒子數目。
27. 6.02214×10^{23}粒 = 602214000000000000000000粒。

隔了10多天後，他在5月中旬寫下另一篇有關分子的論文〈以熱分子理論對懸浮粒子在靜止的液體中運動的假定〉[28]，探討分子間的「**布朗運動**」。

這詞語源自英國植物學家布朗[29]的一篇論文。1827年，他用顯微鏡觀察**花粉顆粒**懸浮於水的情況時，發現從花粉迸發的微粒在水中會不規則地*移動*，人們對此一直未有合理解釋。愛因斯坦就在論文指出那些微小粒子會移動，是**水分子**不斷**撞擊**所致。同時，他又探究微粒位置改變的情形，嘗試計算粒子移動路徑的距離。

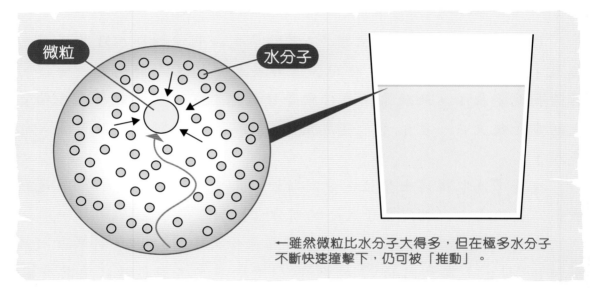

←雖然微粒比水分子大得多，但在極多水分子不斷快速撞擊下，仍可被「推動」。

緊接下來的6月，愛因斯坦將寫出**舉世震驚**的相對論。他在文中對時間和空間提出了一套**截然不同**的看法，原來牛頓提出的萬有引力，也牽涉到抽象的時空？另一方面，他提出那**嶄新**的波粒二象性理論後，將反令自己陷入一場新舊對決的**量子力學**爭論，究竟當中發生何事？敬請留意「特立獨行的科學天才」下集！

↓粒子不規則運動的路徑。

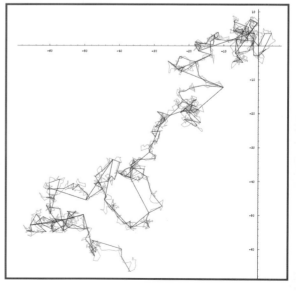

28.〈以熱分子理論對懸浮粒子在靜止的液體中運動的假定〉(On the movement of particles suspended in fluids at rest, as postulated by the molecular theory of heat)。
29.羅伯特・布朗 (Robert Brown) (1773-1858年)，英國植物學家，曾到澳洲搜集數以千計的植物作研究。

夜探「鬼」屋？

這裏很昏暗呢。

不……不會有甚麼怪東西吧？

！

不怕，我還有這個！

哇！

救命啊！

大偵探
太陽能＋動能蓄電電筒

充電後隨時隨地都可照亮周圍！方便易用！

只要把電筒的太陽能板放置於充沛的陽光下……

或

翻起電筒背面的手動發電柄，再順時針或逆時針轉動……

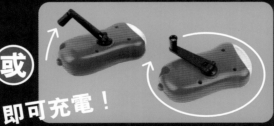

即可充電！

好！開啟電源！

你們在做甚麼？

哇！

怎麼不開燈？很危險啊。

只要訂閱《兒童的科學》實踐教材版，便可得到大偵探太陽能＋動能蓄電電筒！訂閱詳情請看 p.72！

數學 π　腦筋

夏天飛行特訓

即使是炎炎夏日,萊萊鳥和特特鳥仍努力不懈,堅持練習飛行。

① 漫長避暑棋局

中午時分非常炎熱,她們為免中暑,於是先降落到山邊一家士多玩一會飛行棋,棋局由萊萊鳥先開始。只是,兩人的運氣奇差,整場遊戲 2 人合共只擲過一次 6*!其後兩人合共擲骰 1391 次才分出勝負,而最後擲出的數字並不是 6,那麼請問誰勝出?

* 註:擲到 6 就可再擲骰一次

② 滿滿的冰水

萊萊鳥和特特鳥在玩耍途中都要了一杯冰水。冰水加了冰塊,滿得快溢出來。可是兩人顧着玩,完全沒有喝過,連冰塊也完全融化了。請問這時冰水的重量下降了、保持不變還是增加了呢?

③ 不可能的飛行?

飛行途中,她們在完全沒有爬升或下降的情況下,與地面的距離突然從 1000 米暴跌至 700 米!為甚麼?

地面距離

時間

嗶嗶嗶

48

答案在 P.58!

窺探病毒「心臟」！

呀⋯⋯早知應該努力減肥⋯⋯

為了研究出對付新冠肺炎的藥物，美國的橡樹嶺國家實驗室首次替新冠肺炎病毒在室溫下「照 X 光」，找出病毒核心內用來繁殖的蛋白質，使其他科學家可按蛋白質的形狀度身訂造藥物。

為何要度身訂造？

不同種類的細菌即使有差異，部分結構也相同，所以抗生素等針對細菌的藥物通常對多種細菌有效。

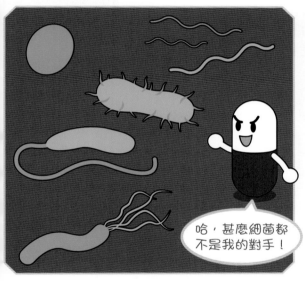

哈，甚麼細菌都不是我的對手！

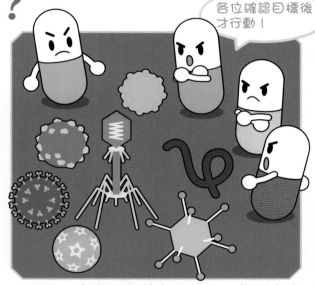

各位確認目標後才行動！

可是，病毒跟細菌完全不同，每種病毒的結構及核心蛋白質都非常獨特，因此一種藥物一般只能針對一種病毒，對其他病毒的作用有限，甚至不起作用。

新冠病毒的「X 光片」

新冠病毒的直徑只有 0.12 微米（0.00000012 米），其蛋白質就更細小！因此我們不能像照肺部 X 光那樣透視它，而是以 X 光射擊蛋白質，並觀察 X 光撞到蛋白質內的原子後散開的形狀。這樣就能找到原子大概的位置，重塑出整個蛋白質的形狀。

新冠病毒內部蛋白質在室溫下的結構

曹博士信箱

Dr.Tso

為甚麼動物不用刷牙，但不會蛀牙？

香港中文大學
生物及化學系客席教授
曹宏威博士

吳宗元　香港南區官立小學　三年級

我們關心牙齒健康就要防止蛀牙。蛀牙是因為口腔裏的細菌黏附在牙齒表面不斷滋長，產生酸液並侵蝕琺瑯質所致。細菌繁殖要靠營養，而含碳水化合物的食物經咀嚼後，碳水化合物碎屑會經分解酶釋出糖分，為細菌提供了豐富養分。

一般野生動物的食物含糖量卻不高，大大地降低了蛀牙的機會。不過，吃飼料的牲畜，進食糖分增多，蛀牙風險就變得不容忽視了。

此外，野生動物有些習性也可清潔牙齒。例如狗喜歡啃骨頭，可以把牙齒上的食物殘渣磨走，也可能是少蛀牙的原因。不過，誰有決心到野外去，逐隻野生動物翻開牠的口來親眼考證呢？

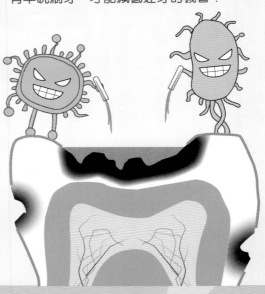

▼細菌「進食糖分」時產生的酸性物質是蛀牙的元兇，減少進食高糖分的食物，還有早晚刷牙，才能減低蛀牙的機會！

為甚麼纖維可以可以幫助排便？

李易霖　番禺會所華仁小學　三年級

食物經過消化變成流質的「食糜」，首先經由小腸吸收營養，然後大腸從中逐漸把水分回吸，殘渣因而稍為固化，形成糞便。這個輸送過程有賴腸道的蠕動，其間食用纖維扮演了推波助瀾的作用。如果欠缺纖維，那麼食糜脫水後，剩下的半固體變得像細小粉團，很難向前推動。由於食用纖維不會被吸收，它讓食糜依附其上，使它產生拖拉作用，較易受腸壁擠壓推動。另外食用纖維也可調節糞便的含水量，從而使它軟硬適中，因而容易排出。

為鼓勵讀者多思考多發問，編輯部將向被選中刊登問題的讀者寄出紀念品一份！

大偵探福爾摩斯
到哪家店才好啊？

「福爾摩斯先生，這次我們幫忙破案，算是**立了大功**，有甚麼**獎賞**？」小兔子**一本正經**地問道。

「對啊！對啊！」其他少年偵探隊隊員也在起哄。

大偵探禁不住眾多期待的目光，問：「那你們想要甚麼？」

「糖果！」少年偵探隊一眾成員不約而同地興奮高呼。

於是，他們來到兩家並排而立的糖果店前。

小兔子**老馬識途**，向大偵探介紹：「區內雖只有這兩家糖果店，但都規模很大，而且糖果種類齊全！」

只見店門外**顧客如鯽**，許多人捧着一大包糖果離開，看來生意很不錯。

「好吧。」福爾摩斯再問，「你們想買哪一家店的糖果？」

「兩家店的糖果我都想買！」

「我想吃不同款式的糖果！」

「看起來都很好吃……」他們**七嘴八舌**地應道，同時伏在櫥窗前，看得**垂涎三尺**。

「這樣吧，我給你們每人**20便士**，到哪家店買甚麼糖果都可以。」福爾摩斯把錢放到眾人的手上說。

「太好了！謝謝福爾摩斯先生！」眾人歡呼。

於是，小兔子、小老鼠和小麻雀跑進了**左邊**的店舖，小胖豬和阿猩則衝進了**右邊**的店。

不一會，只見小老鼠從左邊的糖果店出來，然後跑進右邊的店中。接着，他很快又離開，並再回到左面的糖果店。這樣來回幾次後，他就捧着一個紙袋回到福爾摩斯身旁。

「你是第一個出來的呢！果然是小老鼠，做事最有**效率**。」福爾摩斯稱讚道。

「唉，不要說了。」小老鼠語帶不滿地投訴，「原來兩間店售賣的糖果**種類**相同，就連**價錢**也是一樣的！害我跑了幾趟去**格價**，真是白幹了！」

此時，小麻雀和小胖豬也捧着戰利品回來了。

「咦，你也買了**薄荷巧克力**和**牛油硬糖**嗎？」小麻雀看了看小老鼠的袋子後驚呼。

「哈哈！我們是好朋友，有一樣的愛好也不出奇。」小老鼠重現笑容，「對了，你們有沒有發現兩家店賣的東西和價錢都是**一樣**的？」

「說起來，在這間店看到的糖果，好像那家店也有呢。」小胖豬敲敲頭殼，思索着說。

「為甚麼這兩家店會開在**彼此旁邊**呢？如果是我，一定把店開得離另一家店遠遠的，那就不怕它搶了我的客人。」小老鼠疑惑地問福爾摩斯。

「嘿嘿！這樣你賺到的錢就少了。」福爾摩斯**狡黠**地笑說。

假設：❶ 街上的人流分佈平均 ❷ 人們的口味一致 ❸ 店鋪所賣的產品類型和質量相同
預想結果：人們會到離他們最近的店購物。

情景一

商店分別位於街道兩旁。

商店A　　　　　　街道中央　　　　　　商店B

根據美國經濟學者哈羅德‧霍特林提出的的空間競爭理論，街道左方的人會到商店A，而右方的人則會到商店B，雙方客源各佔一半。

情景二 商店分別位於街道左右兩邊的中間，為社會最理想方案（Socially Optimal Solution）。

商店A　　　　　街道中央　　　　　商店B

這樣兩家店雖仍各獲一半客源，但遠處的人和店鋪的距離縮短，能更快到達商店，是一個雙贏局面。

既然這是最理想的情況，為甚麼跟現實不同呢？

因為這樣會讓貪心的商人有機可乘。

情景三

商店A移至街道中央，商店B的位置則不變。

街道中央　　　商店B
商店A

街道左方的人及右方的1/4人流會到商店A購物，商店A的收入就會增加。相反，商店B的客源和收入就會減少。

情景四 2間商店都位於街道中央。

商店A 街道中央 商店B

於是商店B也會遷至街道中央，令彼此的客源對等。而它們亦不能再移動，否則收入就會減少。

當然現實中的商店無法任意搬遷，這套解說只是為了更易理解此理論而已。

商店B

街道中央

←不論商店B向哪個方向移動，客源都不會比商店A多，反之亦然。

「實在太複雜了……」小老鼠聽畢大偵探的解釋，只感到頭昏腦脹，連忙把一粒牛油硬糖塞進嘴裏。

「試想像一下，當同類型的商店在彼此附近開設，住在該區域的人們在那裏不就有更多的選擇嗎？」福爾摩斯說，「於是顧客紛紛到那裏購物了。」

「嘩！我贏了！」

一聲歡呼聲傳來，引得眾人往糖果店看去，原來是小兔子和阿狸。

「你們在搞甚麼啊，天都快黑了。」福爾摩斯抱怨着說。

「我們在比賽誰能買到最多種類的糖果啊！」小兔子打開盛滿糖果的袋子，「看！我足足買了7款！」

「我也買了6款，只比你少1款而已！」阿狸也不甘示弱。

正當二人吵鬧的時候，一輛警車急速駛近糖果店，幾個警察下車後分別進入兩家店內，不一刻就押着兩個男人各自從兩家店中步出。

接着，兩個熟悉的身影緩緩走近眾人。

「福爾摩斯，想不到在這裏也碰到你呢！」我們的蘇格蘭場孖寶幹探叫道。

「兩位也來買糖果嗎？」福爾摩斯笑問。

「才不是呢。」李大狸氣憤地道，「有人舉報這兩間糖果店合謀定出相同和高昂的商品價格，令顧客失去選擇，從中謀取暴利！」

「高昂的價格……啊？」小兔子驚呼，「即是我本來可以用20便士買更多糖果？」

「你說得對，我們光顧了黑心商人呢。」福爾摩斯說。

「嗚嗚……我的糖果啊！」小兔子的哀號響徹雲霄。

合謀定價

大商戶共同議定價格的行為在香港稱為「合謀定價」，因市場上鮮有其他店鋪售賣此產品或提供該服務，所以消費者被迫接受不合理的價格。此行為觸犯《競爭條例》，可被罰款，在某些國家更是刑事罪行。

例：假設該區只有A、B和C三家玩具店，或只有A、B和C店有售賣下圖的玩具車。

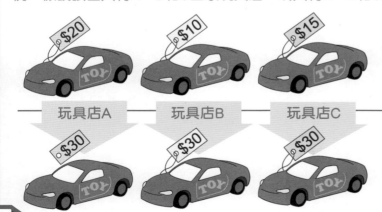

在良性競爭環境下，商戶用不同價格售賣玩具車，顧客可選擇購買最便宜的玩具車。

當商戶們想賺取更多利潤時，他們會一起加價，令顧客不論到哪家玩具店，都要付更高價錢才能購買玩具車。

53

KC 天文教室

天文

夢幻的土星衛星

梁淦章工程師
香港天文學會
太空歷奇

土衛六

在眾多的土星衛星中，土衛六（泰坦）是最獨特的。

前面有光點的地方就是泰坦嗎？

為甚麼飛到這麼近也看不到表面的？

是，那亮點是由地上湖面反光所造成的。

泰坦表面有陸地、湖泊和海洋。不過湖中的不是水，而是液態甲烷。

Photo credit : NASA

從這裏置身於泰坦一個由液態甲烷組成的湖，欣賞電腦模擬的360°湖畔景致吧！

歐洲太空總署的惠更斯號於2005年着陸泰坦表面，我們就按其路徑探險吧！

因為泰坦被一層黃色的濃密大氣層覆蓋，令肉眼無法看見內裏景致，但若用紅外線濾鏡拍攝，就能看清地形，如右圖那樣！

▶紅外線下所見在北極附近的湖泊和海。

土衛六知多少

- 太陽系第二大衛星，比水星還大。
- 唯一擁有大氣層的衛星，氣壓比地球高。
- 唯一擁有表面液態湖泊的衛星。
- 地表溫度低至 -180℃，常下液態甲烷雨。

離地面高度	南	西	北	東	南	
						進入大氣層
150公里						
15公里						鳥瞰的山脊河谷
2公里						地平線逐漸降低
400米						── 地平線 ──

▲惠更斯號降落時所攝的實景。

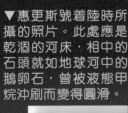

▼惠更斯號着陸時所攝的照片。此處應是乾涸的河床，相中的石頭就如地球河中的鵝卵石，曾被液態甲烷沖刷而變得圓滑。

Photo credit : ESA

我也想到甲烷湖畔嬉「水」呢！

Photo credit : M. Carroll

▲以太空科學為題材作畫的畫家 M. Carroll 所繪畫的泰坦湖畔景色。

土衛二

2005年美國的卡西尼號太空船已拍攝到土衛二南極地區出現噴泉,噴發出羽狀水冰和有機粒子。

研究顯示噴射的物質來自近冰面的液態水囊,意味着冰下的海洋可能有水熱對流現象,是尋找地外生物的最佳選點之一。

南極的噴泉

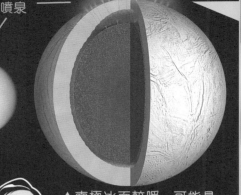

羽狀水冰噴泉

Photo credit : M. Carroll

▲南極冰面較暖,可能是海床內部地質還活躍,令冰面出現裂縫,形成噴泉。

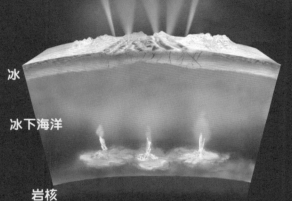

冰

冰下海洋

岩核

土衛二知多少

- 表面全被冰覆蓋,幾乎反射所有陽光。
- 地面有大量長長的線條狀山脊和地縫。
- 南極地面有不少冰火山,不時噴發羽狀微型冰晶。
- 地表溫度低至 -200℃。

我們不知噴泉和冰火山何時會爆發,還是不要降落表面,去探索其他衛星吧!

趣怪的其他衛星

土衛七

土星最大的非球形衛星,長360公里,闊280公里,外形奇特。其自轉周期不規則,密度很低,遇撞擊時能如海綿般壓縮。

土衛一

直徑 400 公里的球形衛星。

最顯著的表面特徵是有個直徑達130公里的撞擊坑。

◀這是《星球大戰》中的死星,與土衛一很相似呢!

土衛十五

土星有很多細小而形狀古怪的衛星,土衛十五和土衛十八形似意大利餛飩或核桃。

土衛十八

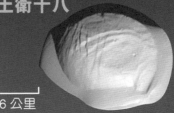

6 公里

55

濕地神偷

© John and Jemi Holmes

哇，那邊有兩個蒙面神偷！

牠們不是甚麼神偷，而是黑嘴鷗啊！

黑嘴鷗小檔案

英文名字：Saunder's Gull

出沒地點：中國及韓國沿海，偶爾會飛到日本及越南，並在廣東、香港及台灣等地過冬。

保育等級：近危，全球僅有約 21,000 隻。

繁殖期：5 至 6 月。

喜歡的食物：魚類、螃蟹、彈塗魚及海毛蟲。

冬夏樣子大不同

夏天

黑嘴鷗和不少候鳥一樣，在夏天繁殖季換上繁殖羽，成鳥的頭部會變成黑色。

眼旁有一道白色的新月型斑紋。

淺灰色的翅膀末端則有黑色斑點。

© Lai Nga Yee

冬天

頭部的羽毛變成灰白色。

頭頂有淡褐色斑紋。

耳區有黑色斑點。

© Travelnshot / Shutterstock.com

偷心神偷？

© Jeffreycfy

黑嘴鷗會在其他雀鳥不為意時偷走掉下來的食物，台灣就有科學家發現牠們從杓嘴鷸身邊偷走螃蟹。

© rock ptarmigan / shutterstock.com

其實，黑嘴鷗也「自食其力」。牠們在高空盤旋，當看到魚、螃蟹或彈塗魚便俯衝降落泥灘，在獵物躲入洞穴前抓住牠們，飽餐一頓。

其覓食能力愈高，就有愈多能量飛回繁殖地和換上愈鮮艷的繁殖羽，更易偷走其終身伴侶的芳心，繁衍後代。

黑嘴鷗也是愛情神偷呢！

像鷗？

雖然黑嘴鷗是「鷗」的一種，但其身長只有 30 至 35 厘米，是大部分海鷗體形的一半！另外，海鷗身形巨大，翅膀也較大，有更多的上升動力，故不用經常拍翼和喜歡滑翔。

怕水的小鷗

黑嘴鷗另一個與「鷗」不同的地方是不愛游泳。海鷗擁有全蹼，即蹼覆蓋着整個腳掌，故擅於撥水游泳。但黑嘴鷗的蹼只覆蓋掌的一半，泳術較差。

©Angus Lau

潮漲時，牠們會爭相跑上岸避開深水，並霸佔有利的覓食位置，十分有趣！

▲黑嘴鷗只愛在泥灘和淺水區活動。

更像燕鷗？

相反，黑嘴鷗的翅膀像燕鷗一樣窄而小，故其飛行動作不像一般海鷗，而是須時常拍翼來維持飛行高度和速度。

© rock ptarmigan / shutterstock.com

▲雖然黑嘴鷗的行為像燕鷗，但卻少了一條燕尾。

黑嘴鷗的危機

黑嘴鷗僅僅棲息在東亞，十分罕有。不過，近年中國沿海很多泥灘都被改作農田或養蝦場，令其棲息地減少。此外，沿海城市及工業區排放的重金屬及廢棄塑膠也會影響牠們的健康。

同學在哪裏可看到黑嘴鷗呢？

可報名參加 WWF 的米埔觀鳥團，中學生更可參加「香港觀鳥大賽」中學組，學習觀鳥技巧！

米埔觀鳥團

香港觀鳥大賽*

黑嘴鷗是今年「香港觀鳥大賽」的主題鳥！

*因疫情關係，比賽日期及形式有機會更改，請留意 WWF 網頁的最新公布。

為了準備下次表演，我正在鑽研各種磁力迴轉輪的花式！

○梁樹風○

這是我在第20集「西部大決鬥」的造型和遇到的人物呢，畫得不錯！

○陳耀朗○

給編輯部的話

今期的磁力迴轉輪很特別lll 我做到連續8二次落地飛舞圖 (希望刊登)

要連續重複這個花式並不容易，想必你練習了不少時間呢！

○戴錦鴻○

給編輯部的話

今期的頓牛的牛頸擺真的十分好玩，一個波子就可以咿扁山打先太游著

初次劉信希望刊登

看着波子有規律地盪來盪去，不知不覺就入睡——不對，是入迷了。

IQ挑戰站答案

Q1. 特特鳥勝。
先由萊萊鳥開始擲骰，然後兩人輪流擲骰，其次序如下表：

萊萊鳥	特特鳥
1	2
3	4
5	6
⋮	

可見萊萊鳥的擲骰序數都是單數，特特鳥的都是雙數。但中途其中一人擲到一次6而要再擲一次，不論是誰，都會使萊萊鳥之後的擲骰序數變成雙數，特特鳥的變成單數。

萊萊鳥	特特鳥
1	2
3	4
5	6(擲到6，所以第7次都是特特鳥擲骰)
	7
8	9
⋮	

或

萊萊鳥	特特鳥
1	2
3	4
5(擲到6，所以第6次都是萊萊鳥擲骰)	
6	7
8	9
⋮	

由於1391是單數，而第1391次擲骰的是特特鳥，該次又是最後一次，所以是特特鳥勝出。

Q2. 重量保持不變。因為杯內的水量從沒改變，只是一部分由固態變成液態。

Q3. 因為她們飛越一個300米高的懸崖。

专輯答案
從P.2和P.6可見，大盜居兔夫人的帽子上有羽毛。當福爾摩斯在珠寶店搜證時，桌子上也發現一條羽毛，所以當他在街上看到易了容的女大盜裙裾沾了條一模一樣的羽毛時，他就認出那是居兔夫人了。

科學Q&A

第一百一十三話
星座的秘密

漫畫◎李少棠　上色協力◎周嘉詠　劇本◎《兒童的科學》創作組

今個星期我會遇到好運？

我也想看看運程啊。

好吧，給你。

啊，這裏説我會丟錢⋯⋯

哈，那我要跟着你準備拾錢啦！

這些只是迷信而已，不用太上心。

不過星座在科學上也很有用，我帶你們去看看吧。

要去哪個年代？

嘿嘿，這次發達了。

公元2世紀·埃及亞歷山卓

這裏是大約
公元140年
羅馬帝國內的埃及，
他叫托勒密，
是個天文學家。

終於完成了，
要趕快發表！

請問這本是
甚麼書？

小朋友，
這是我剛寫好的
《至大論》啊。

這裏收錄了
1022顆恆星
及48個星座
的資料。

還有憑着太陽
和月亮圍繞地球
運行的軌道，
計算出一年
及一個月的
時間長度。

咦，他說
太陽圍繞
地球轉動？

這時期的人
仍相信天動說呢。

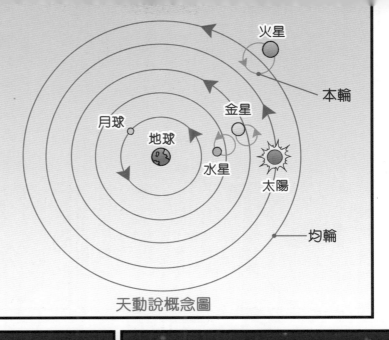

古代人認為
地球並不會動，
位於宇宙中心，
而宇宙就是一個殼，
稱為天球。

他們認為太陽、月亮、
水星至土星5個行星，
都在這個殼的不同階層，
圍繞地球旋轉。

天動說概念圖

太陽會以一個稍為傾斜
的角度圍繞地球移動，
這條軌跡就叫黃道。

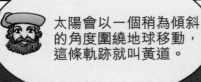

黃道（天動說版本）

黃道？
難道就是
黃道十二
星座？

我們將
看得見的星星，
以其光亮程度
分成6級……

然後運用想像力，
將一部分區域的星星
連起來形象化，
就變成各個星座了。

而黃道途經的
十二個星座，
就是黃道十二星座。

托勒密先生，
你寫的書
太精彩了！

不，
這不是
我的功勞。

61

天文學可說是最古老的科學範疇，現存最早的記錄出自公元前1200年的巴比倫星表，其研究可追溯至更早的蘇美爾文明。

希帕求斯是古希臘天文學家，他只憑相當於中學程度的三角幾何學，就計算出地球與月球的距離，還有太陽和月亮周期，全部誤差少於1%！

其實這都是兩千年來天文學家們的努力成果。

特別是希帕求斯先生，我的主要工作只是把他的計算完善過來而已。

可惜其著作已失傳，我們只能從《至大論》的記載認識這位天才科學家。

我要趕去發表這部著作了，再見！

不過這時代觀測宇宙的技術仍很原始，雖然他的計算很準確，但概念卻完全錯誤。

直至16世紀哥白尼與伽利略等人確立了地動說，天文學才出現重大突破。

我們眼中的星座是個平面，但其實每顆星星不一定位處同一平面，彼此間可相距很遠。

500光年　1000光年　1500光年　2000光年

事實上地球圍繞着太陽公轉，所以真正的黃道應該是以太陽為中心，與地球位置連成一直線而得出的。

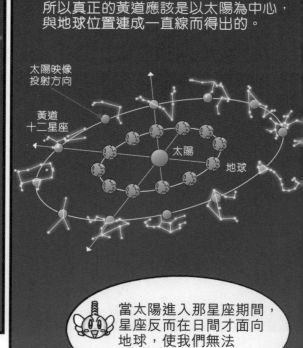

太陽映像投射方向

黃道十二星座

太陽

地球

當太陽進入那星座期間，星座反而在日間才面向地球，使我們無法看得到呢。

我記得星座不止托勒密説的48個吧？

對呀。

美索不達米亞文明

古印度文明

華夏文明

古埃及文明

因為古代發達的文明都集中在北半球，當時觀測到的大部分是北天的星座。

到了15世紀航海事業盛行，航海家們觀測到大量新的星座，有很多都在南天。

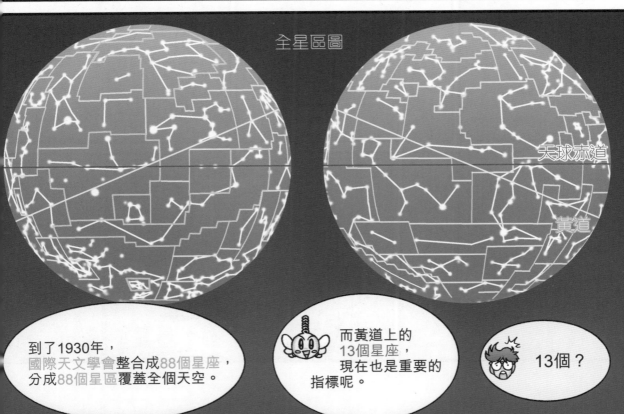

全星區圖

天球赤道

黃道

到了1930年，國際天文學會整合成88個星座，分成88個星區覆蓋全個天空。

而黃道上的13個星座，現在也是重要的指標呢。

13個？

黃道星座

部分黃道星座起源可追溯至公元前3000年，
到了約公元前700年巴比倫人正式分成十二星座。
當時只是由春分日作起點，把黃道平均分為12區。

然而每個星座大小不同，太陽通過的時間自然有別，
平均等分並不準確。

蛇夫座本來亦處於黃道上，
學者推斷古人為方便計算12個月份而把它排除在外。
不過從天文學角度來說，觀察到的就得記錄，
因此視作13個黃道星座。

太陽通過黃道星座大約時間

白羊座 4月19日-5月13日
金牛座 5月14日-6月19日
雙子座 6月20日-7月20日
巨蟹座 7月21日-8月9日
獅子座 8月10日-9月15日
室女座 9月16日-10月30日
天秤座 10月31日-11月22日
天蠍座 11月23日-11月29日
蛇夫座 11月30日-12月17日
人馬座 12月18日-1月18日
山羊座 1月19日-2月15日
水瓶座 2月16日-3月11日
雙魚座 3月12日-4月18日

今晚沒有月亮光芒掩蓋，就能看到銀河系旁邊的仙女座星系M31，它距離地球大約250萬光年啊。

望遠鏡

肉眼能否看到東西，並非取決於距離，而是光度。

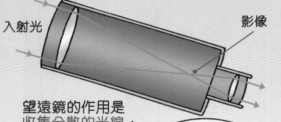

入射光

影像

望遠鏡的作用是收集分散的光線，再集中在一點，讓我們看到一些更暗淡的物體。

星座都是較光的星體，望遠鏡性能太高反而連低亮度星體都清楚看見，難以把目標星體找出來呢。

看星座時準備一幅星圖和一個普通望遠鏡就已足夠了，如想辨別方向也可帶指南針。

可惡，竟然阻我推銷！但不要緊，計劃仍然順利……

我們看誰更快找出最多星座吧！

好！

……

怎樣找啊？

我先教你們找出最容易分辨的星座吧。

北斗七星與北極星
在香港全年都可見到北極星，但其明亮度不算突出，需靠觀察別的星座找出來。

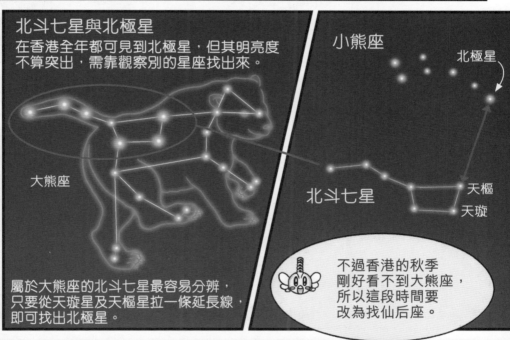

小熊座

北極星

大熊座

北斗七星

天樞

天璇

屬於大熊座的北斗七星最容易分辨，只要從天璇星及天樞星拉一條延長線，即可找出北極星。

不過香港的秋季剛好看不到大熊座，所以這段時間要改為找仙后座。

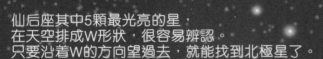

北極星

小熊座

仙后座其中5顆最光亮的星，在天空排成W形狀，很容易辨認。只要沿着W的方向望過去，就能找到北極星了。

仙后座的W形排列

而由北極星看起，有7顆較明亮的恆星形成勺子形狀，那就是小熊座。

北極星一直維持在正北方，所以過往的航海家都以這顆星作為重要的方向指標。不過……

北極星代表最接近北極點的星體，所以是會交替的。

交替？

記得我們玩陀螺時
說過的進動現象嗎？

*請參閱《兒童的科學》第183期。

地軸進動一周需時約25700年，
因為軸心偏移，北極的位置自然會改變。

亦因地軸角度改變，
現在的星空跟古人觀測的也不盡相同，
而太陽通過黃道星座的時間也有變了。

陀螺轉動時會產生
進動現象而令軸心擺動，
而地球轉動也會
產生這現象。

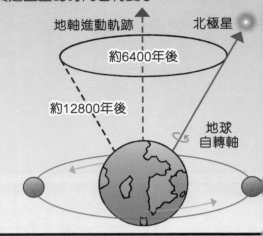

地軸進動軌跡
北極星
約6400年後
約12800年後
地球
自轉軸

這顆叫小熊座α的星體，
大約在3000年前成為
北極星，約1000年後
就會被仙王座γ取代。

不過25700年後，
地軸回到現在位置，
小熊座α又會
變回北極星了吧。

還有甚麼
全年可見
的星座？
快找出來吧！

香港只有小熊座
是整個都全年
可見的，

不如我們觀察
一些有名的
秋季星座吧。

天鵝座與夏季大三角
天鵝座α是非常明亮的1等星，
在夏、秋兩季的夜空非常明顯。
它與其他5顆亮星組成了
這星座最重要部分——北十字。

天鵝座α
天鵝座
天琴座α
天鷹座α

那邊有4顆排成
正方形的是甚麼？

在它附近有同樣高於1等的
明亮星體天琴座α（織女星）
與天鷹座α（牛郎星）
組成夏季大三角，
到了9月仍清晰可見。

啊，我也看到
牛郎織女星了！

秋季四邊形
這4顆星屬於
飛馬座的身體部分，
是秋季夜空的主要標誌。

飛馬座

由於這四邊形中間
沒有甚麼光亮的星體，
所以非常容易辨別。

小松的觀察力
很好呢。

好，我今年
要挑戰找出
全部88個
星座！

這是不可能的。

天燕座

南極座

山案座

蝘蜓座

這四個星座
位置很靠近南極，
香港是一定不能
看見的。

怎會……

砰

呀，我看到
天鵝座了，
真的很像！

這怎樣
想像到天鵝，
完全不懂啊。

加一點
想像力吧。

想不到Mr.A
對星座這麼
感興趣，
還這樣
用功……

兒童的科學　兒童的學習

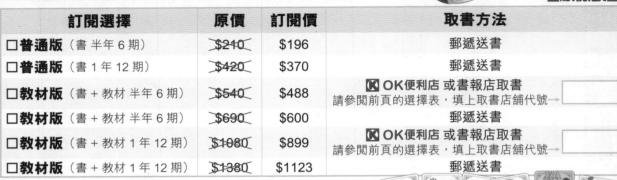

❶ 訂閱 兒童的科學 請在方格內打 ☑ 選擇訂閱版本

凡訂閱教材版 1 年 12 期，可選擇以下 1 份贈品：
□ 大偵探 太陽能＋動能蓄電電筒　或　□ 光學顯微鏡組合

訂閱選擇	原價	訂閱價	取書方法	
□ 普通版（書 半年 6 期）	~~$210~~	$196	郵遞送書	
□ 普通版（書 1 年 12 期）	~~$420~~	$370	郵遞送書	
□ 教材版（書＋教材 半年 6 期）	~~$540~~	$488	Ⓚ OK便利店 或書報店取書 請參閱前頁的選擇表，填上取書店舖代號→	
□ 教材版（書＋教材 半年 6 期）	~~$690~~	$600	郵遞送書	
□ 教材版（書＋教材 1 年 12 期）	~~$1080~~	$899	Ⓚ OK便利店 或書報店取書 請參閱前頁的選擇表，填上取書店舖代號→	
□ 教材版（書＋教材 1 年 12 期）	~~$1380~~	$1123	郵遞送書	

❷ 訂閱 兒童的學習 請在方格內打 ☑ 選擇訂閱版本

凡訂閱 1 年 12 期，可選擇以下 1 份贈品：
□ 詩詞成語競奪卡　或　□ 大偵探福爾摩斯 偵探眼鏡

訂閱選擇	原價	訂閱價	取書方法
□ 半年 6 期	~~$228~~	$209	郵遞送書
□ 1 年 12 期	~~$456~~	$380	郵遞送書

❶＋❷ 合計金額 $ _____

訂戶資料

月刊只接受最新一期訂閱，請於出版日期前 20 日寄出。例如，
想由 10 月號開始訂閱 兒童的科學，請於 9 月 10 日前寄出表格，您便會於 10 月 1 至 5 日收到書本。
想由 10 月號開始訂閱 兒童的學習，請於 9 月 25 日前寄出表格，您便會於 10 月 15 至 20 日收到書本。

訂戶姓名：_____ 性別：_____ 年齡：_____（手提）_____

電郵：_____

送貨地址：_____

您是否同意本公司使用您上述的個人資料，只限用作傳送本公司的書刊資料給您？

請在選項上打 ☑。　同意□ 不同意□　簽署：_____ 日期：_____ 年 _____ 月 _____ 日

付款方法 請以 ☑ 選擇方法①、②、③或④

□① 附上劃線支票 HK$ _____（支票抬頭請寫：Rightman Publishing Limited）

　　銀行名稱：_____ 支票號碼：_____

□② 將現金 HK$ _____ 存入 Rightman Publishing Limited 之匯豐銀行戶口（戶口號碼：168-114031-001）。
　　現把銀行存款收據連同訂閱表格一併寄回或電郵至 info@rightman.net。

□③ 用「轉數快」(FPS) 電子支付系統，將款項 HK$ _____ 轉數
　　至 Rightman Publishing Limited 的手提電話號碼 63119350，現把轉數通知連同訂閱表格一併寄回、
　　WhatsApp 至 63119350 或電郵至 info@rightman.net。

□④ 在香港匯豐銀行「PayMe」手機電子支付系統內選付款後，按右上角的條碼，掃瞄右面 Paycode，➡
　　並在訊息欄上填寫①姓名及②聯絡電話，再按付款便完成。
　　付款成功後將交易資料的截圖連本訂閱表格一併寄回；或 WhatsApp 至 63119350；或電郵至
　　info@rightman.net。

正文社出版有限公司
Scan me to PayMe

PayMe ⬤ HSBC

收貨日期 本公司收到貨款後，您將於以下日期收到貨品：

• 訂閱 兒童的科學：每月 1 日至 5 日　　• 訂閱 兒童的學習：每月 15 日至 20 日
• 選擇「Ⓚ OK便利店／書報店取書」訂閱 兒童的科學 的訂戶，會在訂閱手續完成後兩星期內
　收到換領券，憑券可於每月出版日期起計之 14 天內，到選定的 Ⓚ OK便利店／書報店取書。
填妥上方的郵購表格，連同劃線支票、存款收據、轉數通知或「PayMe」交易資料的截圖，
寄到「柴灣祥利街 9 號祥利工業大廈 2 樓 A 室」匯識教育有限公司訂閱部收、WhatsApp 至
63119350 或電郵至 info@rightman.net。

訂閱雜誌

除了寄回表格，
也可網上訂閱！

兒童的科學 NO.185

請貼上 HK$2.0郵票（只供香港讀者使用）

香港柴灣祥利街9號
祥利工業大廈2樓A室
兒童的科學編輯部收

有科學疑問或有意見、
想參加開心禮物屋，
請填妥問卷，寄給我們！

▼請沿虛線向內摺

請在空格內「✔」出你的選擇。　　　　　　　我購買的版本為：01□實踐教材版 02□普通版

給編輯部的話

我的科學疑難/我的天文問題：

開心禮物屋：我選擇的禮物編號 ☐

請沿實線剪下 ✂

有關今期內容

Q1：今期主題：「光學原理大剖析」
03□非常喜歡　　04□喜歡　　05□一般　　06□不喜歡　　07□非常不喜歡

Q2：今期教材：「大偵探單筒望遠鏡」
08□非常喜歡　　09□喜歡　　10□一般　　11□不喜歡　　12□非常不喜歡

Q3：你覺得今期「大偵探單筒望遠鏡」的玩法容易嗎？
13□很容易　　14□容易　　15□一般　　16□困難
17□很困難（困難之處：＿＿＿＿＿＿＿）　　18□沒有教材

Q4：你有做今期的勞作和實驗嗎？
19□烏爾王族棋　　　　　　20□實驗1：一般代替四骰？
21□實驗2：四面骰實驗

請沿實線剪下 ✂

問　卷

讀者檔案

姓名：		男 女	年齡：		班級：
就讀學校：					
居住地址：					
			聯絡電話：		

讀者意見

A 科學實踐專輯：望遠鏡緝兇

B 海豚哥哥自然教室：救救中華白海豚

C 科學DIY：烏爾王旗棋

D 科學實驗室：骰子遊戲攻略！

E 生活放大鏡：奇妙的防水膠布

F 大偵探福爾摩斯科學鬥智短篇：
　芳香的殺意（2）

G 地球揭秘：樹木攻防戰

H 開心禮物屋

I 誰改變了世界：
　特立獨行的科學天才（上）──愛因斯坦

J 今期特稿：夜探「鬼」屋？

K IQ挑戰站

L 科學快訊：窺探病毒「心臟」！

M 曹博士信箱：
　為甚麼動物不用刷牙，
　但不會蛀牙？

N 數學研究室：到哪家店才好啊？

O 天文教室：夢幻的土星衛星

P WWF特稿：濕地神偷

Q 讀者天地

R 科學Q&A：星座的秘密

＊請以英文代號回答**Q5**至**Q7**

Q5.　你最喜愛的專欄：
　　　第 1 位 22＿＿＿＿＿　第 2 位 23＿＿＿＿＿＿　第 3 位 24＿＿＿＿＿

Q6.　你最不感興趣的專欄： 25＿＿＿＿＿原因： 26＿＿＿＿＿＿＿

Q7.　你最看不明白的專欄： 27＿＿＿＿＿不明白之處： 28＿＿＿＿＿＿

Q8.　你從何處購買今期《兒童的科學》？
　　29□訂閱　　30□書店　　31□報攤　　32□便利店　　33□網上書店
　　34□其他：＿＿＿＿＿＿＿＿＿＿＿＿＿＿＿＿＿

Q9.　你有瀏覽過我們網上書店的網頁www.rightman.net嗎？
　　35□有　　36□沒有

Q10. 你有否收看《大偵探福爾摩斯》作者厲河先生的Facebook網上直播嗎？
　　37□有　　38□沒有

Q11. 你有否打算繼續收看《大偵探福爾摩斯》作者厲河先生的Facebook網上直播嗎？
　　39□有打算　　40□不打算

Q12. 你會訂閱《兒童的科學》嗎？
　　41□會　　42□不會，原因：＿＿＿＿＿＿＿＿＿＿＿＿

Q13. 你喜歡今年的訂閱贈品「大偵探太陽能+動能蓄電電筒」嗎？
　　43□喜歡　　44□不喜歡，原因：＿＿＿＿＿＿＿＿＿＿＿